環境と港湾

CNPによる日本港湾の復権にむけて

森　隆行　著

KAIBUNDO

はじめに

環境問題といっても，騒音や振動など特定の場所の問題，あるいは光化学スモッグのような地域規模の問題から地球温暖化や海洋汚染のような地球規模の問題まで，さまざまです。

環境問題は，18 世紀後半に始まった産業革命が契機といえます。産業革命により石炭や石油などの化石燃料を大量に消費し，産業の発展が自然環境に対して負荷を与え，環境問題が起こったのです。

日本の環境問題をみてみると，時代によって変わっていることがわかります。日本で環境問題が注目されたのは，1950 〜 60 年代にかけての高度経済成長期です。工場などから排出された重金属や有害化学物質などにより環境が汚染され，産業公害が発生しました。イタイイタイ病（富山県），水俣病（熊本県），新潟水俣病（新潟県），四日市ぜんそく（三重県）は四大公害病と呼ばれました。1970 年代には，大気汚染，騒音・振動，水質汚染，廃棄物の問題など，都市における市民生活に起因する都市型公害へと変わり，地球環境の問題が注目されるようになりました。1972 年にローマクラブ（スイスのヴィンタートゥールに本部を置く民間のシンクタンク）が報告書「成長の限界」を発表し，人口増加や工業発展がこのまま進んだ場合，地球上の天然資源が枯渇し，環境汚染が自然のもつ容量を超えて進行すると警鐘を鳴らしたことが契機となりました。この年，ストックホルムで国連人間環境会議が開催され「人間環境宣言」が採択されました。その後，地球温暖化問題がクローズアップされ，多くの国際会議の場で議論されました。1985 年にはオーストリアのフィラハで「気候変動に関する科学的知見整理のための国際会議」が開催され，1988 年には IPCC（気候変動に関する政府間パネル）が設立され，温暖化に関する調査研究が継続されています。1992 年，ブラジルのリオデジャネイロで「国連環境開発会議（地球サミット）」が世界約 180 カ国の政府・国際機関が参加して開催され，持続可能な開発を実現するための行動原則「環境と開発に関するリオ宣言」と，その行動計画「アジェンダ 21」が採択され，その後の地球環境問題への取り組みの拠り所となっています。ここで，国連気候変動枠組条約の署名が始まりました。その結果，1995 年に第 1 回の国連気候変動枠組条約締約国会議（COP）がドイツのベルリンで開催され，その後，毎年開催されています。

環境問題の種類

規　模	地球規模の問題		地域規模の問題
	地球レベル	国家レベル	県・市町村レベル
問題の種類	地球温暖化 オゾン層の破壊 資源の枯渇 海洋汚染　等	酸性雨 廃棄物の越境移動 海岸漂着物　等	大気汚染 水質汚染 土壌汚染 騒音・振動　等

このように，環境問題にはさまざまな種類があり，その内容も時代によって変化してきました。現在の環境問題における最大の課題は，1980 年代からの地球温暖化問題であり，その活動の中心にあるのが COP といえます。なかでも，1997 年の京都で開催された COP3 と 2015 年にパリで開催された COP21 は，脱炭素社会の実現に向けて大きく動き出すきっかけとなりました。それはまさに歴史的転換といえるものであり，産業革命に匹敵するものです。私たちは今，その大きな変化の真っ只中にいるのです。その真っ只中にいると実感がわかないものですが，10 年後，20 年後に振り返ってみれば，2020 年からの数年間というのは，まさに歴史が大きく変わった転換期であったと気付くかもしれません。それは，18 世紀から 19 世紀にかけて起こった産業革命に匹敵するものです。しかし，その変化は，産業革命が半世紀近くの時間を要したのに比べ，現在の変化はわずか数年で，産業革命に匹敵する変化を社会に起こしました。

この数年間で，私たちの生活や価値観が大きく変わったことを実感している人は少なくないでしょう。テレワークによる在宅勤務が当たり前になり，週休

3日，4日という企業も登場しています。また，これまで禁止されていた副業を積極的に認める企業も少なくありません。何より大きく変ったのは，価値観です。人権や環境をより重視する人が増えています。

本書では，環境問題のなかでも近年の課題である地球温暖化問題について，港湾との関係を中心に，なぜ港湾として環境問題に取り組まなければならないのかという疑問に答えています。

2020年10月の菅首相（当時）による「カーボンニュートラル宣言」を機に，日本の産業界も脱炭素に向けて大きく舵を切りました。こうしたなかで，国土交通省港湾局は，2022年にCNP（カーボンニュートラルポート）構想をまとめました。2023年3月には，CNP構想の促進のために「CNP認証（コンテナターミナル）」を公表しました。第3章ではCNPについて，第4章ではCNP認証（コンテナターミナル）について，詳しく解説を試みました。

近年，日本の港湾は，その規模（取扱量）において相対的に地位が低下しています。もっとも，これは産業構造が変化するなかで仕方のないことだと考えます。しかしながら，同時に自動化やデジタル化において世界の港湾から大きく後れを取っており，港湾としての魅力を欠く存在になっています。そうした状況下，CNPへの取り組みが，日本の港湾復権の鍵になると確信しています。

本書が，港湾に直接あるいは間接的に関係するすべての人にとって，環境問題の意味やその背景を理解し，CNPに取り組むために少しでも役に立てれば幸いです。

2024年3月

森　隆行

目　次

第1章　環境問題

1.1　温室効果ガス（GHG）排出量削減への取り組みの背景

2016年に発効した「パリ協定」（p.7「1.3.2（3）COP21（パリ）」参照）によって，2020年以降のCO_2などの温室効果ガス（GHG）削減に向けた国際的な枠組みが設けられ，各国が対策を進めている。温室効果ガス（GHG）削減への取り組みは，欧州が先行している。日本でも2020年，当時の菅首相が，2050年までに温室効果ガス（GHG）排出量を実質ゼロにする方針を表明したことで，日本も遅ればせながら脱炭素化に向けて動き出した。まず，2030年までに2013年比で46％以上の削減，乗用車の新車販売を2030年代半ばまでにすべて電気自動車にすることなどが盛り込まれた。

こうした変化の背景には，地球温暖化・気候変動による危機が深刻化していることがある。地球温暖化は森林火災，洪水，ハリケーンや台風の大型化など異常気象を頻繁に引き起こし，その結果，途上国では洪水被害を，島嶼国には海面の上昇による水没の危機を起こしている。

温暖化の影響は，身近にも表れている。その例の一つが，秋刀魚の漁獲量である。日本の秋刀魚の漁獲量は2008年のピーク時には34万3,220トンあったが，2022年には1万9,910トンに減少し過去最低水準となった。かつて秋刀魚の水揚げ全国1位であった千葉の銚子漁港では，2022年の水揚げがゼロであった。2021年の水産庁の発表によると，秋刀魚の漁獲量の減少の大きな要因は地球温暖化による海水温の上昇と潮流の変化によるということである。

秋刀魚は冷たい海水域を好むため海水温の上昇で日本近海に寄り付かなくなったのだ。漁獲量の減少によって秋刀魚の価格も上昇した。2006年の卸値は70円／kgであったが，2021年には627円／kgへと9倍に高騰している。かつて庶民的だった秋刀魚は，今や高級魚となった。温暖化による海水温上昇の影響は，秋刀魚だけではない。釧路では秋刀魚のかわりにブリやシイラなどの温かいところの魚が獲れるようになった。また，千葉県の館山では沖縄県のグルクンが獲れるという報告もある。

世界的気候変動対策の動きと時を同じくしてSDGsが大きく注目され，社会的価値観も人権や環境重視へと変化している。ESG投資にみられるように投資家や消費者の企業に対する評価が変わってきた。こうした，社会的変化を受けて企業は，環境対策，具体的にはCO_2を中心とした温室効果ガス（GHG）排出削減に積極的に乗り出している。アップルやアマゾンなどグローバル企業を中心に，パリ協定や各国の政策基準より，より速いペースでの目標を設定する企業が多数ある。また，温室効果ガス（GHG）は，その製品を作る企業だけでなく，その製品製造に関わるサプライチェーン全体での削減を求められる。そのため，グローバル企業の取り組みは，そうしたグローバル企業と取引のある中小企業を含めすべての企業に影響を及ぼす。その中には，サプライチェーンの構成要素である港湾や海運も含まれる。

すでに，海運企業への荷主からの温室効果ガス（GHG）排出削減への要請が強まっている。たとえば，ドイツの自動車会社のフォルクスワーゲンは，自社の完成車の海上輸送にはLNG燃料の船舶の使用を求めている。また，コンテナ船社の中にはCMA-CGMのようにLNG燃料船の大量投入で低炭素輸送をマーケティングツールとして利用するケースもでている。これは，すでに環境対応が，荷主が船社を選択する評価の大きなポイントになりつつあることを示している。現状では，荷主から港湾・ターミナルへのプレッシャーは見られないようだが，これは荷主が海運・港湾を同一に捉えているためと推測する。しかし，いずれ港湾・ターミナルへの直接の温暖化ガス（GHG）排出削減要請がでてくることは間違いなく，それは時間の問題である。港湾・ターミナルや船会社にとって，環境対応は，競争優位を確立するための手段というよりは，環境対応の遅れは，大きなリスクであると認識すべきである。

ここで，現代の変化を歴史の大きな流れの中でみてみよう。郭四志[*1]は，第 1 次産業革命から第 4 次産業革命，それに続く新たな産業革命として 2020 年以降の変化を脱炭素産業革命と表現し，次のように表している。第 1 次産業革命は，石炭，蒸気機関，紡績産業の時代であり，主要エネルギーは石炭であった。第 2 次産業革命は，自動車，機械，鉄鋼，石油などの重工業が主役であり，エネルギーは石油と電力であった。第 3 次産業革命は，エレクトロニクス，ICT などハイテク産業が中心であり，エネルギーは石油など化石エネルギーが中心であるが原子力や再生可能エネルギーが拡大している。第 4 次産業革命は，IoT，AI，ビッグデータの運用技術，ブロックチェーン，ネットワーク力の時代となり，エネルギーは，化石エネルギーと非化石エネルギーが共存する。郭四志は，第 4 次産業革命に続く 2020 年代以降を「脱炭素産業革命」

表 1-1　産業革命の技術とエネルギー

区　分	年　代	技　術	エネルギーの関係
第 1 次産業革命	1760 ～ 1860 年代	蒸気機関・紡績業	石炭
第 2 次産業革命	1860 ～ 20 世紀前半	重化学工業（自動車，機械，鉄鋼・石油など）	石油・電力
第 3 次産業革命	20 世紀後半～ 21 世紀初頭	ハイテク産業（エレクトロニクス，ICT 産業，NCT 工作機械など），コンピューター，自動制御装置	化石エネルギー（石炭・石油）＋原子力，再生可能エネルギーの開発
第 4 次産業革命	2010 年代～	ビッグデータ運用技術・ネットワーク力（IoT，AI，ブロックチェーンなど）	化石エネルギーと非化石エネルギーが併存
脱炭素産業革命	2020 年代～	IoT，AI など 蓄電，非化石エネルギー（水素，アンモニア，メタンなど），CCS/CCUS 技術開発	カーボンニュートラルに向けた化石エネルギー代替再生可能エネルギーの開発

（郭四志『脱炭素産業革命』筑摩書房（2023）を基に作成）

---

*1　郭四志『脱炭素産業革命』筑摩書房（2023）

とよび，新・再生可能エネルギー開発の時代と位置付ける。そして，「第 4 次産業革命の駆動力・技術である IoT・AI を活用し，カーボンニュートラルに向けた化石燃料に代替する新・再生可能エネルギーの開発が求められる」[*2] と述べている。

脱炭素産業革命の背景には先述の地球温暖化とその結果としての異常気象による大災害の頻発，そして国際的な枠組みである COP がある。

1.2　温室効果ガスとその種類

1.2.1　温室効果ガス

温室効果ガスとは，二酸化炭素やメタンなど，大気中の熱を吸収する性質のあるガスのことであり，英語では GHG（Greenhouse Gas）という。

地球の表面は大気を通過した太陽の光によって温まり，地表の熱は赤外線として宇宙空間に放出される。温室効果ガスには赤外線を吸収・放出する性質があり，地表から出ていく熱を吸収して大気を温める。この働きが温室効果である。大気中の温室効果ガスが増えると，地表を温める働きが強くなって地表付近の温度が上昇する。地球温暖化の防止のために大気中の温室効果ガスの濃度を安定化させること，つまり温室効果ガスの排出を削減することが必要である。

1.2.2　温室効果ガスの種類

日本で排出される温室効果ガスのうち，もっとも割合が多いのは二酸化炭素で 90.8%，次いでハイドロフルオロカーボン類 4.5%，メタン 2.5%，一酸化二窒素 1.7%，パーフルオロカーボン類 0.3%，六ふっ化硫黄 0.2%，三ふっ化窒素 0.03%となっている（環境省「温室効果ガス排出量（確報値）概要（2020 年度)」)。

環境問題において CO_2 削減が議論の中心になるのは，温室効果ガスの大半を占めるのが CO_2 だからである。

[*2]　郭四志『脱炭素産業革命』筑摩書房（2023）

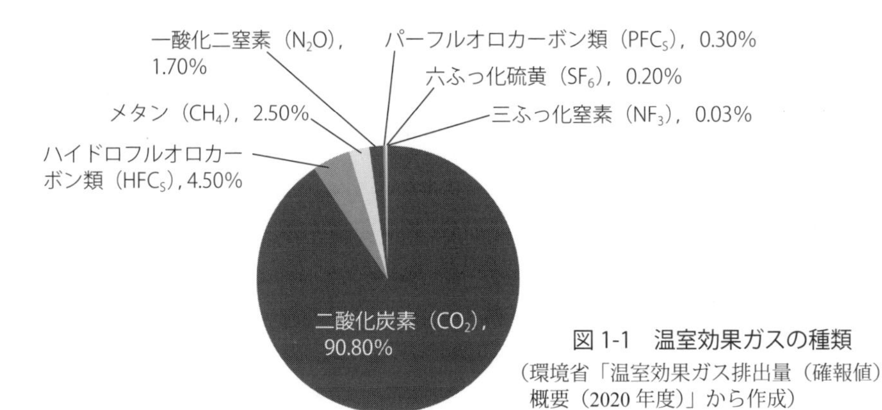

図 1-1　温室効果ガスの種類
（環境省「温室効果ガス排出量（確報値）概要（2020 年度）」から作成）

1.3　COP（国連気候変動枠組条約締約国会議）

1.3.1　COP

COP は，「Conference of the Parties（締約国会議）」の略で，「国連気候変動枠組条約」（UNFCCC：United Nations Framework Convention on Climate Change）の加盟国が，本条約に基づき地球温暖化を防ぐための枠組みを議論するために毎年開催されている国際会議である。1995 年から始まった取り組みで，新型コロナウイルス感染症の拡大に伴って中止された 2020 年を除き，毎年開催されてきた。気候変動枠組条約の最終的な目標は，地球温暖化の防止のために大気中の温室効果ガスの濃度を安定化させることである。

ちなみに，国連気候変動枠組条約（UNFCCC）は，1992 年 5 月に採択され，1994 年 3 月に発効した。地球温暖化防止条約ともよばれる。

現在の，温室効果ガス（GHG）排出削減はパリ協定（締約国会議（COP）21）によるものであるが，その元になったのは，1997 年京都で開催された COP3 の京都議定書である。

2022 年秋にエジプト（シャルム・エル・シェイク）で開かれた COP は，国連気候変動枠組条約（UNFCCC）の 27 回目の会議なので，COP27 とよぶ。COP は条約の最高意思決定機関と位置づけられ，すべての条約締約国（21 年 11 月現在 197 カ国・地域）が参加して温暖化対策の国際ルールを話し合う大規模な国際会議である。採択された1992年に，同じ年にブラジル・リオデジャネイロで開かれた国連開発環境会議（地球サミット）で署名が始まった。

第1回は，1995年ドイツのベルリンで開催された。毎年，1回開催される。

1.3.2　COPの歩み

COPは，1995年に第1回（COP1）がベルリンで開催されて以降，直近では，2023年にアラブ首長国連邦（UAE）のドバイで第28回会合（COP28）が開催された。このうち，特筆すべき会合が，1997年京都のCOP3，2009年コペンハーゲンのCOP15及び2015年パリ開催のCOP21だ。

(1)　COP3（京都）

国連気候変動枠組条約（UNFCCC）は，二酸化炭素をはじめとする温室効果ガスの排出量を1990年の水準に戻すことを目標とし，各国に具体的な施策や温室効果ガスの排出量を締約国会議（COP）に報告することを義務付けている。COP3は，これまでのCOPよりも踏み込んだ内容が決定された。その内容は，京都議定書（Kyoto Protocol）とよばれている。京都議定書では，先進国に対して数値目標を義務付けたのに対して，途上国に対しては義務を導入しなかったことから不公平との批判が出た。

<京都議定書の問題点>

京都議定書では，先進国に数値目標を義務付ける一方，発展途上国に対しては数値目標などの新たな義務は導入しなかったため，中国やインドといった二酸化炭素排出量が多い国は数値目標などの拘束を受けず，不公平であるという批判が高まった。

(2)　COP15（コペンハーゲン）

京都議定書の発効後も，先進国と発展途上国の対立が続いた。両者の対立が表面化したのが2009年にデンマークのコペンハーゲンで開かれたCOP15である。COP15では，対立する各国の利害を調整しようと努力したが，米国と中国がCOP15やコペンハーゲン合意に参加せず，参加した日本やEUなどの基準が厳しくなったにとどまった。結局，先進国と発展途上国の格差や米国の不

表 1-2　京都議定書とパリ協定の主な内容

京都議定書（Kyoto Protocol）	パリ協定（Paris Agreement）
・先進国の温室効果ガス排出量について，法的拘束力のある数値目標を各国毎に設定 ・国際的に協調して，目標を達成するための仕組みを導入（排出量取引，クリーン開発メカニズム，共同実施など） ・途上国に対しては，数値目標などの新たな義務は導入せず ・京都議定書では削減するべき温室効果ガスとして，二酸化炭素やメタン，一酸化炭素など6種類を上げ，2008年から2012年までの間にEUで8%，アメリカで7%，日本で6%，先進国全体で5%の削減を掲げた	・世界共通の長期目標として2℃目標の設定。1.5℃に抑える努力を追求すること ・主要排出国を含むすべての国が削減目標を5年ごとに提出・更新すること ・すべての国が共通かつ柔軟な方法で実施状況を報告し，レビューを受けること ・適応の長期目標の設定，各国の適応計画プロセスや行動の実施，適応報告書の提出と定期的更新 ・イノベーションの重要性の位置付け ・5年ごとに世界全体としての実施状況を検討する仕組み（グローバル・ストックテイク） ・先進国による資金の提供。これに加えて，途上国も自主的に資金を提供すること ・二国間クレジット制度（JCM）も含めた市場メカニズムの活用

参加といった問題は，後のCOPの大きな課題となった。

(3)　COP21（パリ）

2015年にパリで開催されたCOP21では京都議定書にかわる2020年以降の新たな枠組みが作られた。この枠組みはパリ協定（Paris Agreement）とよばれている。世界共通の長期目標として，世界の平均気温上昇を産業革命以前に比べ2℃より低く保つという「2℃目標」の設定，1.5℃に抑える努力を追求することなどが盛り込まれた。パリ協定は，その発効要件（①締約国数55カ国以上，かつ，②締約国の合計排出量が世界全体の55%以上）を満たした日の30日後に発効することとされており，2016年10月5日時点でこの要件を満たしたため，同年11月4日に発効した。

日本政府は，COP21の合意を受けて，2030年までに2013年度比で26%のCO_2削減目標を設定したが，2020年10月当時の菅首相の「カーボンニュートラル宣言」を受けて，CO_2削減目標を2013年比46%削減と大幅に引き上げた。

(4)　COP26（グラスゴー）

2021年11月13日，イギリスのグラスゴーでCOP26が開催された。COP26

で採択されたグラスゴー合意の主な内容は以下通りである。

- 石炭火力発電は，段階的に削減
- すべての国は排出目標を再検討し，強化する
- パリ協定の実施指針（ルールブック）に合意する

(5) COP27（シャルム・エル・シェイク）

2021年末のCOP26（イギリス・グラスゴー）では，2015年に採択されたパリ協定で積み残されたルールが合意されてパリ協定は完成した。COP27では，COP26で定められたルールをどのように実施していくかの実施の詳細を決める会議であった。そのなかで，開催国エジプト議長が最も力を入れたのが，温暖化による「損失と損害」である。損失と損害とは，温暖化の影響に備える「適応」をしていても，もはや防ぐことのできない破壊的な被害がもたらされていることに対し，どのように対応していくかというものである。その結果，気象災害で「損失と損害」を受けた途上国の支援基金創設が決まった。

シャルム・エル・シェイク実行計画（COP27合意文書）の主な点は以下である。

- 「損失と損害」（ロス＆ダメージ）に対応する基金を創設し，特に脆弱な途上国を支援
- 気温上昇を1.5度に抑えるさらなる努力を追求することを決意
- 1.5度目標の達成には，2030年までに温暖化ガス排出量を2019年度比43%削減することが必要
- 2023年末までに各国が排出削減の2030年目標を再検討，強化
- 2030年までに再生可能エネルギーへ年約4兆ドルの投資が必要
- 石炭火力を段階的に削減，化石燃料補助金は段階的に廃止

(6) COP28（ドバイ）

2023年のCOP28は，アラブ首長国連邦（UAE）のドバイで開催された。COP28の注目のポイントは2つあり，1つは「損失と損害」についてである。COP27（2022年，エジプト開催）で気候変動による「損失と損害（ロス＆ダメージ）」基金の設置が決まったが，具体的な制度についてはこの会議では決

表 1-3　COP 開催年・都市

	開催年	開催都市	開催国
COP30	2025 年	ベレン	ブラジル
COP29	2024 年	バクー	アゼルバイジャン
COP28	2023 年	ドバイ	アラブ首長国連邦（UAE）
COP27	2022 年	シャルム・エル・シェイク	エジプト
COP26	2021 年	グラスゴー	英国
ー	2020 年	コロナ禍で延期	
COP25	2019 年	マドリード	スペイン
COP24	2018 年	カトヴィツェ	ポーランド
COP23	2017 年	ボン	ドイツ
COP22	2016 年	マラケシュ	モロッコ
COP21	2015 年	パリ	フランス
COP20	2014 年	リマ	ペルー
COP19	2013 年	ワルシャワ	ポーランド
COP18	2012 年	ドーハ	カタール
COP17	2011 年	ダーバン	南アフリカ
COP16	2010 年	カンクン	メキシコ
COP15	2009 年	コペンハーゲン	デンマーク
COP14	2008 年	ポズナン	ポーランド
COP13	2007 年	バリ島	インドネシア
COP12	2006 年	ナイロビ	ケニア
COP11	2005 年	モントリオール	カンダ
COP10	2004 年	ブエノスアイレス	アルゼンチン
COP 9	2003 年	ミラノ	イタリア
COP 8	2002 年	ニューデリー	インド
COP 7	2001 年	マラケシュ	モロッコ
COP 6	2000 年 2000 年	ボン（再開会合） ハーグ	ドイツ オランダ
COP 5	1999 年	ボン	ドイツ
COP 4	1998 年	ブエノスアイレス	アルゼンチン
COP 3	1997 年	京都	日本
COP 2	1996 年	ジュネーブ	スイス
COP 1	1995 年	ベルリン	ドイツ

まらなかった。制度設計は，COP28（2023 年 11 月，アラブ首長国連邦開催）までに国連に設置した移行委員会で行うことになっていた。委員会は先進国 10，途上国 14 で構成される。ここで，先進国と途上国の分類は 1992 年が基準で，韓国や中国は途上国に分類されており，この点が問題点との指摘がある。国連は，2023 年 3 月 27 日にエジプトで移行委員会の会合を開き，気候変動による「損失と損害（ロス＆ダメージ）」（気候災害の被害を受ける途上国を援助する）基金の制度設計に着手した。この制度創設における論点は，2 点ある。第一は，誰が資金を出すか。日米欧は，中国も資金拠出すべきと主張する。一方，中国やインドは先進国がもっと多くの資金を出すべきと主張している。化石燃料を生産する企業へ課税し，それを援助に充てるなどの案もある。第二の論点は，支援対象をどこにするかである。先進国は，支援資金を抑えるために島嶼国を念頭に脆弱な国に限定したいと考えているのに対して，途上国は，たとえば 2022 年に国土の 3 分の 1 が洪水により水没したパキスタンなどを対象に含めたより広範な支援を求めており，合意までのハードルは高いと考えられていたが，「損失と損害」基金の大枠が採択された。

この決定には，支援対象を気候変動影響に特に脆弱な途上国とすること（この部分は昨年の合意事項），基金を世界銀行の下に設置すること，公的資金・民間資金・革新的資金源などのあらゆる資金源から拠出を得ることなどが盛り込まれた。この決定の採択の後，各国による基金への拠出表明が行われ，日本も基金の立ち上げのために 1,000 万米ドル（約 14 億円）の拠出を表明した。

もう 1 つのポイントは，COP26，COP27 では合意に至らなかった化石燃料の「段階的廃止」に今度こそ合意できるかどうかであった。この点について，化石燃料の「段階的廃止」という文言では合意できず，化石燃料からの「脱却」という表現にとどまった。石燃料からの「脱却」には，2030 年までに再生可能エネルギー容量を 3 倍，省エネ改善率を 2 倍にすることなどが盛り込まれた。

なお，2024 年の COP29 は，アゼルバイジャンのバクーでの開催と決まった。COP27 のエジプト，COP28 の UAE に続き，3 年連続で化石燃料産出国での開催となる。2025 年の COP30 は，ブラジルのベレンでの開催と決まっている。

1.4　主要国・企業の環境問題への取り組み

1.4.1　IPCC

IPCC（The Intergovernmental Panel on Climate Change）は，1988 年に世界気象機関（WMO）と国連環境計画（UNEP）によって設立された政府間組織で，国連の「気候変動に関する政府間パネル」と訳される。2022 年 3 月時点における参加国と地域は 195 にのぼる。世界の専門家で組織され，概ね 5 ～ 7 年ごとに統合報告書を作成する。2023 年 3 月，コロナ禍の影響で 9 年ぶりに第 6 次統合報告書が公表された。この統合報告書は，各国政策や国際交渉に強い影響力を持つ。

IPCC による第 6 次統合報告書では，産業革命前からの気温上昇を 1.5 度以内に抑えるというパリ協定の目標達成には，温暖化ガス排出量を 2035 年に 2019 年比で 60％減らす必要があると示した。これまでの各国の取り組みではパリ協定の目標は達成できないと警鐘を鳴らすものである。目標達成するには，排出量を 2035 年に 60％，2040 年に 69％，2050 年に 84％（いずれも 2019 年比）削減する必要があると分析している。今回の IPCC の報告を受けて，2035 年の目標を 2025 年までに国連に提出する。ちなみに先進国の目標は，2030 年に 46％（2010 年比）の排出量削減であり，日本の目標は，2013 年比 45％の排出量削減であるが，いずれも不十分でありさらなる排出量削減が求められることになる。また，この報告書では「気候変動で特に途上国の被害が深刻になりつつある」と明記された。

表 1-4　IPCC 第 6 次統合報告書のポイント

・人間活動による温暖化は疑う余地がない
・産業革命前に比べた気温上昇はすでに 1.1 度
・今後 10 ～ 20 年で 1.5 度に到達の恐れ
・各国の温暖化ガス排出削減目標は不十分
・2035 年に 2019 年比 60％の削減が必要
・途上国支援は 2018 年以降に伸びが鈍化
・今の選択と行動は何千年にもわたる影響

（出所：日本経済新聞 2023 年 3 月 21 日付 朝刊）

1.4.2　世界主要国の環境問題への取り組み

(1)　脱炭素への転換点

パリ協定の採択を機に，欧州を中心に脱炭素の実現に向けて動きが出て，2030年に向けた CO_2 削減目標を各国が公表している。先進国に比べ低いながら中国，インドも目標を設定したことが大きな前進だ（表1-5）。

また，COP26では，タイ，ベトナムが2050年までにカーボンニュートラルをコミットした。ASEANでは，インドネシア，マレーシアも2050年のカーボンニュートラル実現を公表しており，脱炭素化の動きは途上国にも広がっている。

表1-5　脱炭素に向けた各国の CO_2 削減目標

国名	2030年に向けた CO_2 削減目標など
日本	2013年比46%削減，さらに50%に挑戦。 2013年比26%削減であった目標を2020年に上方修正。
米国	2005年比50～52%削減。 トランプ政権時にパリ協定から離脱したが，バイデン大統領就任後に復帰，気候変動への取り組みを宣言。2025年に26～28%削減へと目標を大きく引き上げた。
英国	1990年比68%削減（2030年）。同78%削減（2035年）。
EU	1990年比55%削減。 欧州委員会は，2018年より気候変動対策ビジョン「A Clean planet for all」を打ち出し，2030年までに欧州の主要100都市においてカーボンニュートラル化を目指す。また，「Fit for 55」では航空燃料への課税，EU外からの鉄鋼・コンクリートなどへの課税，ガソリン車の新車販売を2035年までに廃止などを決めている。 ドイツは，カーボンニュートラル達成の世界共通目標を5年前倒しして2045年に達成する方針を決めている。
中国	GDP当たり CO_2 排出量を2005年比65%以上削減。 温暖化ガス排出量を2030年までにピークアウトし，2060年までにカーボンニュートラルを実現する。
インド	GDP当たり CO_2 排出量を2005年比33～35%削減。 2070年のカーボンニュートラルを宣言（COP26にて）。

（出所：各種報道資料）

(2)　内燃エンジン車から電気自動車（EV）・燃料電池車（FCV）への転換

世界全体で排出される CO_2 の約20%が運輸・交通分野であり，そのうちの半分近くが自動車である。国際エネルギー機関（IEA）は，2050 年までに CO_2 排出実質ゼロを実現するためには，「2035 年までに，ガソリンなど燃料を燃やして動く内燃エンジン車を廃止する必要がある」と発表した。これを受けて，欧州連合（EU）は，2022 年 10 月，2035 年にガソリン車など内燃エンジン車の新車販売を禁止し，それ以降は，電気自動車（EV）や燃料電池車（FCV）に限ることを決めた。日本も，2030 年代半ばまでにガソリン車の新車販売を禁止することを決めた。政府が 2030 年代半ばと若干余裕をもたせた表現をしているのに対して，東京都は，2030 年までと明言している。ボルボ，ゼネラル・モーターズ（GM），ジャガーなどの国際的な企業や，日本ではホンダも，内燃エンジン車を廃止することを発表している。各社とも電気自動車（EV）の開発に注力している。

EU は，2023 年以降は内燃エンジン車（ガソリン車など）の新車販売を認めないことを決めたが，フォルクスワーゲンやメルセデス・ベンツなど自動車産業が大きなドイツは，合成燃料[*3] を使う内燃エンジン車を認めるように働きかけていた。これにイタリアや東欧など賛同する国もあった。2023 年 3 月，欧州連合（EU）・欧州委員会とドイツ政府が，2035 年以降もガソリン車など内燃エンジン車の新車販売を条件付きで認めることで合意したと発表した。その条件は，温暖化ガスを排出しない合成燃料を使う場合に限るというものである。EU の政策転換は，日本を含めた他国の政策にも影響を与えるかもしれない。ただ，合成燃料の製造コストは，海外で 1 リットル当たり約 300 円，国内だと約 700 円とガソリン価格に比べ高いことから，その使用は限定的とみられる。

2023 年 3 月 20 日，米国バイデン大統領は首脳級会議を開催し，ゼロエミッション車の販売を 2030 年までに小型車 50%，中大型車 30%にする目標を提案し各国に賛同を求めた。この提案に賛同する国は，2023 年末までに目標を作成することになった。なお，ここでゼロエミッション車は，電気自動車（EV），

[*3] 合成燃料とは，二酸化炭素と水素から人工的につくった燃料で，欧州では「e-Fuel」とよばれる。再生可能エネルギーによる電気で水素を分解して生み出したグリーン水素を利用することで，温暖化ガスの実質的排出はゼロとみなされる。

表 1-6　ガソリン車の販売禁止についての各国の動向

国　名	目　標
日本	2030 年代半ばまでに禁止（※東京は 30 年までに禁止）
英国	2030 年禁止（※ 35 年禁止から 30 年禁止へ早めた）
フランス	2040 年までに禁止
中国	2035 年めどに EV・ハイブリッドなど環境配慮車へ
米国[注]	カリフォルニア州で 2035 年までに禁止
カナダ	ケベック州で 2035 年までに禁止
ノルウェー	2025 年 HV を含むガソリン車の新車販売禁止
スウェーデン	2030 年までにガソリン車の新車販売禁止
デンマーク	2030 年までにガソリン車の新車販売禁止
オランダ	2030 年までにガソリン車の新車販売禁止

（注：米国全体ではなく，カリフォルニア州のみ）

燃料電池車及びプラグインハイブリッド車（PHV）を含む。

(3)　東南アジアの脱炭素への動き

脱炭素化は，欧州をはじめ先進国が先行しているが，東南アジア諸国も急速に脱炭素化に取り組むようになってきている。どちらかというと政府よりも民間企業の取り組みが先行しているが，2021 年 11 月にグラスゴー（英国）開催された COP26 において，タイとベトナムが「2050 年までに温暖化ガスの排出を実質ゼロにする」と宣言した。マレーシアも同じく 2050 年までに，インドネシアは 2060 年までにカーボンニュートラルの達成目標を宣言するなど，排出削減目標を先進国並みに引き上げた。新興国の多くが「実質ゼロ」にまでは踏み込めていないなか，東南アジアが脱炭素化に向けて動き出した。

2023 年 3 月 4 日，東京でアジア・ゼロエミッション共同体（Asia Zero Emission Community：AZEC）参加 11 カ国の閣僚会議が開催され，正式に設立が決まった。

①「脱炭素」と「エネルギー安全保障」との両立を図ること，②「経済成長」を実現しながら，「脱炭素」を進めること，③カーボンニュートラルに向けた道筋は，各国の実情に応じた「多様かつ現実的」なものであるべきこと，

表 1-7　ASEAN 主要国の温室効果ガス削減目標

国　名	削減目標
シンガポール	2030 年までに 2005 年比 36%削減
インドネシア	2060 年にカーボンニュートラル
マレーシア	2050 年にカーボンニュートラル
タイ	2050 年にカーボンニュートラル
フィリピン	2030 年までに成り行き対比で 75%削減
ベトナム	2050 年にカーボンニュートラル

（出所：各種報道から作成）

という 3 つの共通認識を含む共同声明が合意された。AZEC の参加国は，オーストラリア，ブルネイ，カンボジア，インドネシア，日本，ラオス，マレーシア，フィリピン，シンガポール，タイ，ベトナムの 11 カ国である。

アジアを含めた新興国の脱炭素への取り組みの特徴は，国としての取り組みに先行する形で，グローバルに展開する企業の積極的な取り組みである。そうしたなかで，国としての目標を明確に打ち出した ASEAN 諸国は注目に値する。日本は，こうした国への環境対策への経済的，技術的支援を行っている。

(4)　化石燃料から再生可能エネルギーへの転換

気候変動対策を話し合う国連の会議 COP にあわせて，国際的な環境 NGO「気候行動ネットワーク」（CAN）は，気候変動対策に消極的だと判断した国を選ぶ「化石賞」に日本が，COP26 に続いて 2022 年開催の COP27 でも選ばれたというニュースを目にした人も多い。

自動車の EV 化でも明らかなように，環境を考えるうえで，化石燃料から再生可能エネルギー（自然エネルギー）への転換は大きな流れとなっている。現在，主な再生可能エネルギーは，太陽光，風力，水力，地熱，バイオがある。他にも潮流の利用や海洋温度差による発電なども研究されている。最近の例では，商船三井が佐賀大学などと共同で沖縄県久米島において海洋温度差発電の実証事業で 2026 年頃までに世界初の海洋温度差発電の商用化を目指す取り組みを発表した（2023 年 3 月）。これは，環境省の令和 4 年度「地域共創・セクター横断型カーボンニュートラル技術開発・実証事業」に採択されたものである。

2 年連続の「化石賞」を贈られたことから明らかなように，日本は再生可能エネルギーの転換において大きく後れを取っている。電力消費に占める再生可能エネルギーの割合は，80％を超えるスウェーデンやデンマークは別にしても，ポルトガル，ドイツ，スペイン，英国など主要国でも 40％を超えている。日本は最近になってやっと 20％を超えたところであり，欧州主要国の半分でしかない。

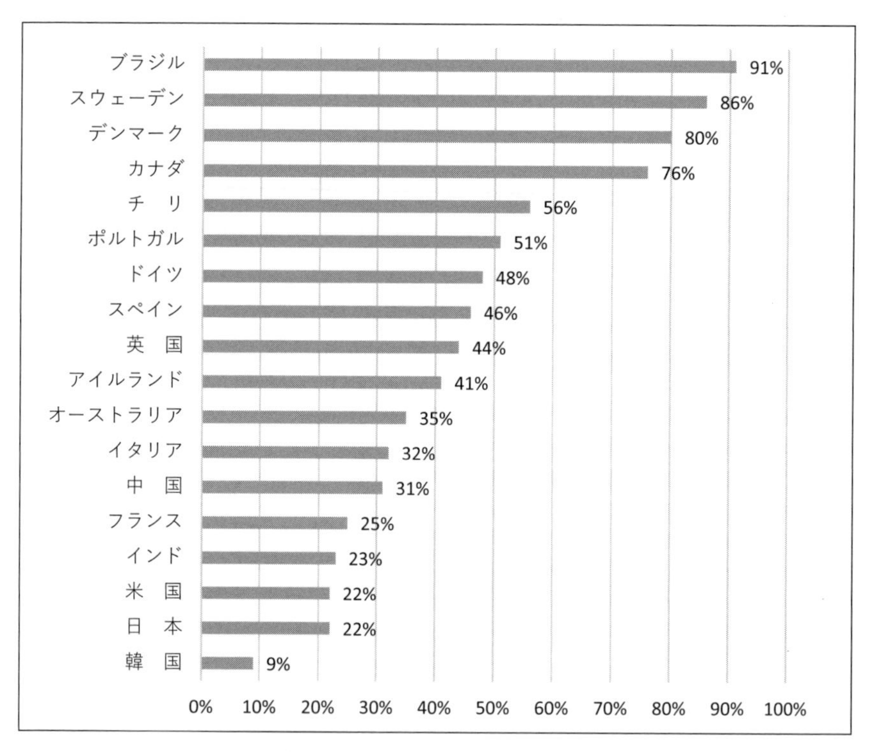

図 1-2　電力消費に占める再生可能エネルギーの割合

（出所：自然エネルギー財団 HP（https://www.renewable-ei.org/statistics/international/），2023 年 3 月時点。数値は自然エネルギー（太陽光・風力・水力・地熱・バイオ）の合計値）

1.4.3　日本の環境問題への取り組み

(1)　日本政府の戦略とその目標

欧州がパリ協定発効前後には既に脱炭素に向けて動き出していたのとは対照的に，日本の産業界の環境への取り組みにおける認識は省炭素であった。実際，日本のGHG削減目標は2013年比26％という低いものであった。日本の環境政策の転機は，2020年の菅首相（当時）のカーボンニュートラル宣言である。これを機に，GHG削減目標も2013年比46％削減へと大きく上方修正された。

また，欧州に倣って，2030年代にはガソリン車の新車販売を止めることも盛り込まれた。なかでも，産業界に大きな影響を与えると考えられる政策が，再生可能エネルギーの比率を2050年までに現在の3倍近い50～60％に引き上げること，その中心となるのが洋上風力発電である。風力発電事業は，その建設，運営，保守管理において多くの資材はもちろん，多くの特殊船舶が必要になる。そして，それらの拠点となる港湾の整備が必要である。政府は，そのための拠点港を指定し整備を支援している。港湾においては，脱炭素実現のための道標としてCNP（カーボンニュートラルポート）の構想を打ち出した（第3章参照）。

つまり，政府の掲げる脱炭素化の政策／目標の多くが港湾抜きには実現できない。日本の脱炭素化実現における港湾の役割は重要である。

表1-8　カーボンニュートラルに向けた政府の戦略／目標

対象分野	内　容
自動車	2030年代半ばまでに，すべての新車を電気自動車に （※東京都は2030年までにガソリン車の販売禁止を表明）
洋上風力	2040年までに3,000～4,500万キロワットの洋上風力発電
水　素	2050年に2,000万キロワットほどの導入を実現
原子力	小型炉，高温ガス炉などの次世代炉を開発
再生エネルギー	2050年までに再生エネルギー比率を50～60%に （現在（約20%）の3倍に）
船　舶	2050年までに水素などの代替燃料に転換
港　湾	カーボンニュートラルポート（CNP）の実現

（出所：マスコミ各紙を基に作成）

(2) 洋上風力発電

日本政府は2050年のカーボンニュートラルの実現を掲げており，石炭や石油などの化石燃料に代わる再生可能エネルギーとして最も注目されているのが洋上風力発電である。2019年4月に「再エネ海域利用法」[*4]が施行され，洋上風力発電市場の急速な拡大が見込まれる。

政府は洋上風力発電について，2030年までに原子力発電所10基分の出力に相当する10GW（ギガワット）[*5]，2040年までに最大45GWの案件をつくり出す目標を掲げている。その工事に伴う支援船の需要が増えることから，オフショア支援船事業に注目が集まっている。すでに，日本国内では，発電容量約10GWの風力発電施設（着床式）の建設計画が進行中である。

ちなみに，風車本体の調達から設置工事までを含む施設建設工事の市場規模は累計で5兆円超ともいわれる。洋上風車の建設，その後の運営・維持のためにはさまざまな特殊な船舶が必要であり，海運業界にとっては新たなビジネスチャンスであり，大手船社を中心に参入を図っている。洋上風力発電事業は，基本的に内航の分野であり，内航海運業界にとっても大きなチャンスである。

2019年に「再エネ海域利用法」が施行され，洋上風力発電事業を行う「促進区域」を政府が指定し，事業者は「公募」によって選定されることになった。そして，選ばれた事業者には「最大30年間」の海域占用が認められる。「再エネ海域利用法」に基づき，経済産業省及び国土交通省は，「有望な区域」（5区域）及び「一定の準備段階に進んでいる区域」（11区域）を整理し，公表した。

＜有望な区域（5区域）＞

・青森県沖日本海（北側）

＊4 「海洋再生可能エネルギー発電設備の整備に係る海域の利用の促進に関する法律（再エネ海域利用法）」。洋上風力発電は，海域の占用に関するルールの問題や，漁業関係者や船舶運航事業者など，海域を先行的に利用している人々との利害調整の必要などがあり，これが事業実施への課題となっていたが，この法律の施行により，それらの課題が整理され，事業を適切な調整を経て進めることができるようになった。

＊5 1キロワット＝1,000ワット，1メガワット＝1,000キロワット，1ギガワット＝1,000メガワット

・青森県沖日本海（南側）
・山形県遊佐町沖
・千葉県いすみ市沖
・千葉県九十九里沖（九十九里町，山武市及び横芝光町沖）

<一定の準備段階に進んでいる区域（11 区域）>

・北海道石狩市沖
・北海道岩宇・南後志地区沖
・北海道島牧沖
・北海道檜山沖
・北海道松前沖
・青森県陸奥湾
・岩手県久慈市沖
・富山県東部沖（入善町及び朝日町沖）
・福井県あわら市沖
・福岡県響灘沖

(3)　洋上風力発電建設，運営・管理に必要な船舶とその種類

洋上風力発電事業は，調査，風車の設置，運用・保守（含む試運転），撤去の 4 段階に分かれる。それぞれの段階でその作業を支援する船舶にも違いがある。このなかで，日本においてもっとも経験がないのが運用・保守である。先行する欧州では，洋上風車の運用・保守に特化した SOV（Service Operation Vessel）が活躍している。この部分が，海運事業としての需要が期待されるところである。日本の洋上風力発電の案件は，離岸距離数 km 以内の沿岸海域が中心である。NEDO[*6] によると，年間平均風速は沿岸海域が 7.5m／秒程度，沖合は 8.5m／秒（中速海域）と 9.5m／秒（高速海域）が存在する。風力発電には，安定的に 6.5m／秒の風速が必要とされている。エネルギーは風速の 3 乗倍に比例することから，より沖合の方が，多くのエネルギーを得ることがで

＊6　NEDO（New Energy and Industrial Technology Development Organization）：新エネルギー・産業技術総合開発機構

きるため，日本でも洋上風力発電のより沖合への進出が重要である。

表 1-9　洋上風力発電事業の各事業段階で必要となる船舶

船種／段階	調査	設置	運用・保守	撤去
地質調査船	○			
気象・海象観測船	○			
はしけ		○		○
自己昇降式作業台（SEP 船）*7 （重量物運搬船・クレーン船・風車設置船・作業員居住施設／母船）		○		○
アクセス船（CTV）*8		○	○	○
遠洋曳航船（AHTSV）*9		○		○
ケーブル敷設船		○		
潜水作業支援船(ROV*10 搭載)		○		○
監視・警戒船		○		○
保守管理作業船（SOV）*11 （沖合居住施設・母船）			○	
風車撤去作業船				○

*7　SEP 船（Self-Elevating Platform）：プラットフォーム（台船）と昇降用脚をもち，プラットフォームを海面上に上昇させてクレーン，杭打ちなどの作業を行う台船。重量物クレーンを搭載するものが多い。

*8　CTV（Crew Transfer Vessel）：洋上風力発電の O&M（運用および維持管理）作業員を洋上風力発電に安全に輸送するための目的特化型の交通船。

*9　AHTSV（Anchor Handling Tug Supply Vessel（アンカー・ハンドリング・タグ・サプライ・ベッセル））：遠洋曳航・チェーン固縛・アンカーリングに加え船位保持（DPS-2）を備え，洋上での各種資材の供給など多目的使用となっている。

*10　ROV（Remotely Operated Vehicle）：遠隔操作型の無人潜水機。水中ロボット。

*11　SOV（Service Operation Vessel）：洋上風力発電所のメンテナンス技術者を複数の洋上風車に派遣するために多数の宿泊設備を持ち，一定期間洋上での活動が可能な支援船。本船と洋上風車の距離を常時安全に保つため，ダイナミックポジショニングシステム（DPS：自動船位保持機能装置）を搭載し，また，本船から洋上風車プラットフォーム上に技術者を安全に渡すため，波などによる船体動揺を吸収するモーション・コンペイセイション（Motion Compensation）機能をもつ特殊なギャングウェイ（Gangway）を搭載する。

（提供：商船三井）
図 1-3　SOV「TSS PIONEER」

設置段階で重要な役目を果たすのが SEP（Self-Elevating Platform，自己昇降式作業台船）である。これまでの SEP 船は自走機能がなく，遠洋タグボートによって曳航されるのが普通であった。また，貨物によっては，別途重量物運搬船やクレーン船などを手配する必要があったが，新しく建造される SEP 船の多くは自走機能を持ち大型クレーンを装備するなど，多くの機能を備えているものが多い。こうした，多くの特殊な船舶の拠点となる港湾が必要となる。

(4)　拠点港湾の整備

政府は，洋上風力発電の推進に向けた港湾に利活用と機能強化のため，具体的には洋上風力発電設備の積み出しなどを担う基地港湾の整備を織り込んだ港湾法の改正を行った（2019 年 11 月 29 日成立，2020 年 2 月施行）。この改正で政府が新たに海洋再生エネルギー発電設備等拠点港湾（基地港湾）を数港指定し，発電事業者に対して基地港の埠頭を長期間貸し付けることが可能になった。これによって発電事業者は設備設置や定期的な大規模修繕，メンテナンス，鉄橋などで長期にわたって安定的に港湾を利用できる体制が整う。港湾区域における公募占用計画の認定有効期間が 20 年から 30 年に延長された。

基地港湾の主な指定要件は以下の 3 点である。

① 複数事業者の利用が見込まれること

② 耐震力を強化した岸壁（国有港湾施設）であること

③ 長尺資機材の保管・組み立てが可能な荷捌き地であること

2020年9月2日付で，国土交通省は港湾法に基づき，秋田港（秋田県）・能代港（秋田県）・鹿島港（茨城県）・北九州港（福岡圏）の4港を，海洋再生可能エネルギー発電設備等拠点港湾（基地港湾）として初めて指定した（港湾法第2条の4第1項）。

2023年4月，国土交通省は新潟港を全国で5港目となる基地港湾に指定した。北陸では初である。これらのうち，能代港は2021年12月に，秋田港は2023年1月に，それぞれ洋上風力発電の商業運転を開始した。その発電量は両港あ

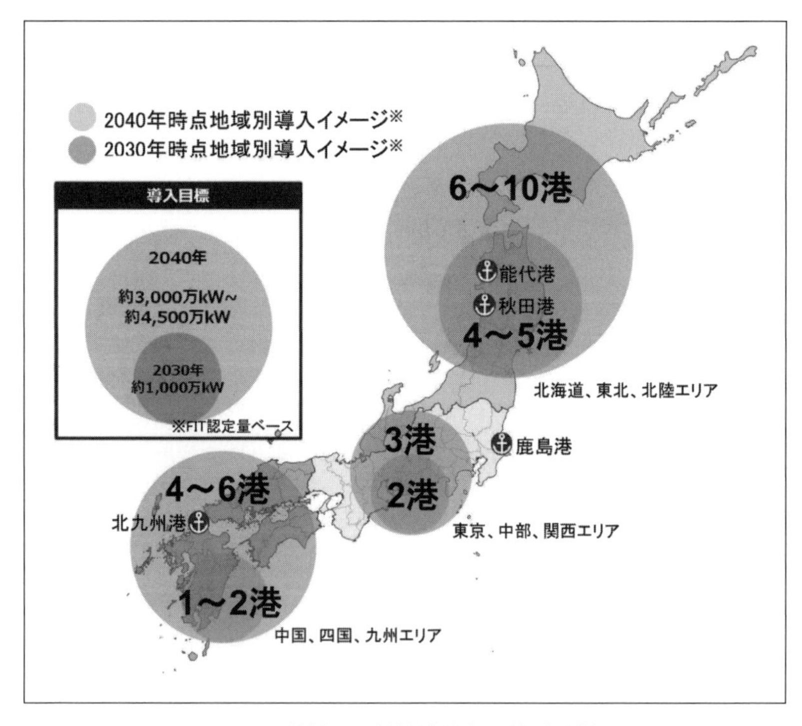

図1-4　地域別の基地港湾必要数（試算）

（出所：国土交通省「2050年カーボンニュートラル実現のための基地港湾のあり方検討会」資料）

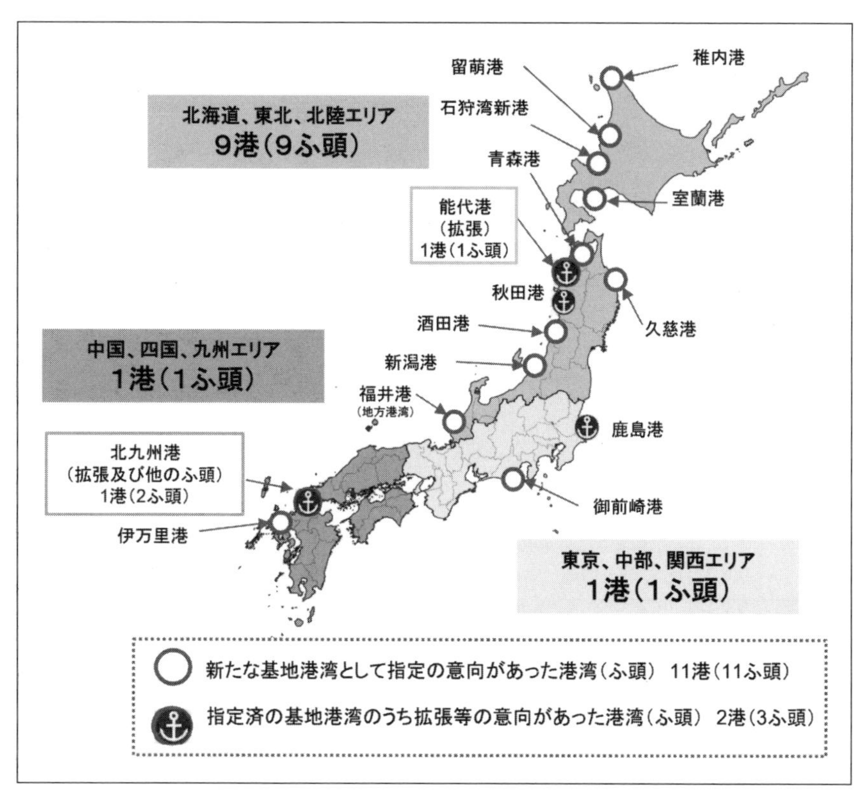

図 1-5　港湾管理者より基地港湾指定・拡張の意向が示された港湾
（出所：国土交通省「2050 年カーボンニュートラル実現のための基地港湾のあり方検討会」資料）

わせて 140MW である。

「2050 年カーボンニュートラル実現のための基地港湾のあり方検討会」による試算では，北海道・東北・北陸エリアで 6 ～ 10 港，東京・中部・関西エリアで 3 港，中国・四国・九州エリアで 4 ～ 6 港と合計で 13 港の基地港湾が必要である（政府目標の 2040 年に約 3,000 万 kW ～約 4,500 万 kW をベースとした試算）。

今後，多くの基地港湾の指定が必要となる。そこで，2022 年 3 月～ 5 月にかけて国土交通省は，全国の港湾管理者に対して基地港湾指定の意向について調査した。その結果，11港（11埠頭）の港湾管理者が基地港湾の指定，2港（3埠頭）から基地港湾拡張の意向が示された。北海道・東北・北陸では需要を満たしているが，東京・中部・関西では1港不足，中国・四国・九州では大きな不足という結果である。

（著者撮影（2023年3月））

図1-6　北九州港における基地港湾の整備風景

表1-10　地域別基地港湾の必要数（試算による）と意向調査結果比較

地域	基地港湾必要数（試算による）	指定・拡張の意向がある港湾（調査結果より）
北海道・東北・北陸	6～8港程度	◇指定済基地港湾：2港（能代港・秋田港） ◇新たに意向を示した港：9港（稚内港・留萌港・石狩湾新港・室蘭港・青森港・久慈港・酒田港・新潟港・福井港） 計11港
東京・中部・関西	3港程度	◇指定済の基地港：1港（鹿島港） ◇新たに意向を示した港：1港（御前崎港） 計2港
中国・四国・九州	4～6港程度	◇指定済の基地港：1港（北九州港） ◇新たに意向を示した港：1港（伊万里港） 計2港

（出所：国土交通省「2050年カーボンニュートラル実現のための基地港湾のあり方検討会」資料を基に作成）

1.4.4　企業の環境問題への取り組み

グローバルに事業を展開する世界の大手企業は，パリ協定の目標である2050年のゼロエミッション，あるいは各国政府の目標を前倒しした独自の目標を設定している。多くの企業が2030年～2040年にカーボンニュートラルの目標を設定しており，パリ協定の目標より10～20年前倒ししている。また，ほぼすべての大手企業は，カーボンニュートラルの目標をサプライチェーン全体，言い換えれば SCOPE 3 に照準を合わせている。企業は脱炭素を軸としたサプライチェーンの再構築を進めている。こうした新しい時代のサプライチェーンを脱炭素サプライチェーン[*12]とよび，その形成が加速している。脱炭素サプライチェーンにおける温室効果ガスの排出は SCOPE 1 ～ SCOPE 3 の合計である。具体的には，原材料調達・製造・物流・販売・廃棄などから発生するものである。当然ながら物流のなかには，海上輸送（海運）や港湾も含まれる。このことは，これら大手企業と取引のある中小企業を含めたすべての企業が，カーボンニュートラルに取り組まざるを得ないことを意味する。さもなくば，取引先を失うことになる。

表 1-11　脱炭素サプライチェーンの概念

上　流	自　社		下　流
SCOPE 1	SCOPE 1	SCOPE 2	SCOPE 3
・原材料 ・資本財 ・SCOPE 1,2 に含まれる燃料，エネルギー関連活動 ・輸送／配送／結節点（ターミナル等） ・廃棄物 ・通勤／出張 ・リース資産	燃料の燃焼	電気の使用	・製品の使用 ・製品の廃棄 ・輸送／配送／結節点（ターミナル等） ・製品の加工 ・リース資産 ・フランチャイズ ・投資

（出所：環境省「SBT 等の達成に向けた GHG 排出削減計画策定ガイドブック（2022 年度版））」

環境対応＝カーボンニュートラルへの取り組みは，メリットを考えるのではなく，取り組まないことによるリスクを考えなければならないという意味は，ここにある。特筆すべき対応は，マイクロソフトである。同社は，「2050 年までに，過去排出分（直接・間接）を完全に排除する」ことをコミットしている。

[*12] 郭四志『脱炭素産業革命』筑摩書房（2023）

表 1-12　カーボンニュートラルへ向けた主な企業の目標と取り組み

企業名	具体的な目標と取り組み
ウォルマート	2030 年までに，2015 年比で CO_2 を 1 ギガ（億）トン削減する計画を展開（「プロジェクト・ギガトン」）。2018 年時点で，30 カ国 400 社が参加。 2035 年までに，同社施設で使用する電力を 100%再生可能エネルギーにする。2040 年までに，すべての車両を EV 化。
アップル	2030 年までに，サプライチェーンでの CO_2 排出量を実質ゼロにする。 部品会社に再生可能エネルギーの使用を要請。 「サプライヤー規約」；製品の製造過程で，どの程度，どのような方法で CO_2 削減するか細かく規定。
フェデックス	集配車の完全電化を進める（2025 年までに 50%，2030 年までに 100%）。
エアバス	水素燃料の航空機を 2035 年までに事業化。
セブンイレブン	全配送車を 2022 年までにディーゼル廃止（6,300 台／21,000 店舗）。NTT から再生エネルギーの供給を受ける。NTT は太陽光発電所を新設して提供する。
東洋製缶	容器の原料調達から廃棄までの CO_2 排出量を開示。
アサヒ	世界のすべての工場，営拠点で 90%以上を再生エネにする。国内は，2021 年 4 月 100%再生エネ。
佐川急便	すべての軽トラックを EV に切り替え（7,200 台）。
サントリー	2030 年に，温暖化ガスを 2015 年比半減。
ソニー	CO_2 を 2030 年に 45%削減（13 年比）。
イオン	CO_2 を 2030 年に 45%削減（13 年比）。 生産・配送において CO_2 を排出しない食品を売り出す（2024 年，イチゴの生産・販売）。
コニカミノルタ	2030 年に，カーボンマイナスを実現。2030 年に，自社 70%，80 万トン削減。2025 年でサプライヤーの排出量を 70 万トン削減することで差し引きゼロとする計画。
アスクル	2030 年までに，事業所・物流センターおよび顧客に配送する車両から排出する CO_2 をゼロにする。
ユニリーバ	原料の調達から販売，顧客まで全工程で，2039 年までに，ユニリーバの製品から生じる温室効果ガス排出量をゼロにすると宣言。

アマゾン・イケア・ユニリーバ・ミシュラン・インディテックスなど９社	2040 年までに，海上輸送において CO_2 排出ゼロの船舶のみを使用することを宣言。
HP	2025 年までに，自社オペレーションにおいてカーボンニュートラルと廃棄物ゼロを達成する。2040 年までに，サプライチェーン全体 GHG 排出ゼロを達成する。
トヨタ	2035 年までに，世界の自社工場で CO_2 の排出を実質ゼロにする。直接取引している世界の主要部品メーカーに対して，CO_2 排出量を前年比で 3%減らすよう求め，供給網全体での脱炭素化を進める。
メルセデス・ベンツ	2022 年までに，全世界の自社工場で CO_2 排出量を実質ゼロにする。
フォルクスワーゲン	VW 自動車の海上輸送に際して，船会社に LNG 燃料船の使用を要請（入札条件）。
マイクロソフト	2030 年までに，「カーボンネガティブ」を達成。2050 年までに，過去排出分（直接・間接）を完全に排除する。 2025 年までに，使用電量を完全クリーンエネルギー化。2030 年までに，SCOPE 3 の排出を半減。
ダノン	2050 年までに，サプライチェーン全体の CO_2 排出量を実質ゼロにする。2030 年までに，使用する全電力を再生可能エネルギー化。
スターバックス	2030 年までに，直接の事業運営とサプライチェーンにおける GHG 排出量を 50%削減。

（出所：マスコミ各紙から作成）

第2章　港湾と環境問題

2.1　港湾の環境対応としての GHG 排出量削減への取り組みの必要性

欧州では，COP21 のパリ協定による新たな目標が設定されると，脱炭素化に向けて動き出したが，そうした欧州の動きに比べ日本は大きく出遅れていた。欧州が「脱炭素」を目指していたのに対して，日本の行動はまだ，省炭素の域を出ていなかった。その流れが変わり，日本が脱炭素に向かって舵を切ったきっかけは，2020 年 10 月の当時の菅首相による「2050 年カーボンニュートラルの実現」宣言である。

これを受けて，国土交通省港湾局は CNP（カーボンニュートラルポート）構想を取りまとめ，2021 年末に公表した。また，海運分野では，海事局が「内航カーボンニュートラル推進に向けた検討会」の取りまとめを公表した。

海運業界では，国際海事機関（IMO：International Maritime Organization）が，船舶から排出される GHG を，2030 年までに 2008 年比で 40％削減，2050 年までに同 50％削減し，今世紀の早い段階で GHG 排出量をゼロにする目標を掲げている。

日本船主協会は，2050 年までに GHG 排出量ゼロを達成することを宣言している。欧州大手船社の多くも同様に，IMO の目標より高い目標を掲げている。あらゆる産業において，GHG 排出ゼロへの動きが考えていた以上に急速に進んでいる。GHG 削減は，その対応に取り組むことによるメリットよりも，取り組まないことによるリスクの方が大きく，IMO の目標を達成するだけでは十分ではないと多くの船社が認識したといえるだろう。こうした，日本をはじめ船社の対応の結果，2023 年に IMO は「2050 年 GHG 排出量ゼロ」とする目標に変更した。

海外における港湾の環境対応は，個別の港湾・ターミナルでの独自の取り組みや港湾間の連携という形で進んでおり，日本の CNP 構想のような国単位での施策は今のところ見られない形である。

現代の企業経営では，SDGs や ESG が重要になっており，企業は，金融機関・投資家と顧客・消費者の両方から環境配慮の経営を強いられる。これは，港湾とその関連企業も同様である。顧客である荷主と金融機関や投資家からの環境対応へのプレッシャーが強くなってきている。

金融機関による環境対応を促す特別なものとして，ESG 投資や SLL といったものがある。

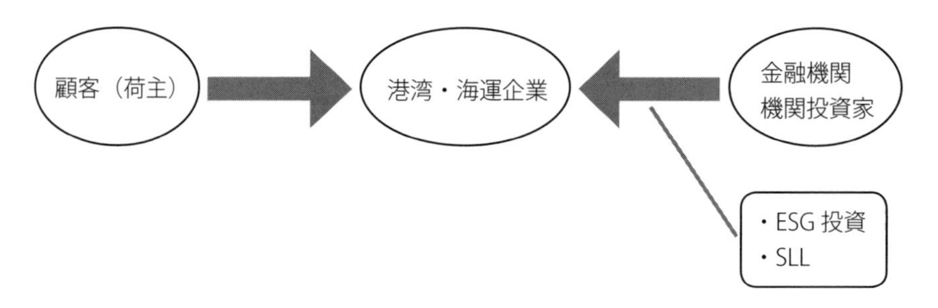

図 2-1　港湾・海運企業に対する環境対応促進の仕組み

SLL（Sustainability Link Loan）は，SDGs や ESG の取り組み状況と融資条件が連動し，野心的な挑戦目標が達成された場合に金利等の融資条件を優遇する制度である。ESG 投資の一種で，港湾関連企業に限ったものではない。

荷主企業が，港湾に対して環境対応を求める理由は，自らの製品の環境対応ができているかどうかは自社工場だけでなくサプライチェーン全体における対応が求められているからである。

産業革命以来の気温上昇を「2℃未満」に抑えることを目標に，各企業が設定した温室効果ガスの排出削減目標とその達成に向けたイニシアティブが，

Science Based Targets イニシアティブ（SBTi）である。その内容はパリ協定に沿ったものとなっている。SBT では，温室効果ガス排出削減目標を SCOPE 1 から SCOPE 3 の 3 段階で示し，GHG 排出の種類を分類している。

SCOPE 1 は自社の工場やオフィスで排出される GHG が対象で，SCOPE 2 は

表 2-1　温室効果ガス（GHG）排出の対象領域

SCOPE	内　容
SCOPE 1	自社の工場やオフィスで排出される GHG が対象
SCOPE 2	電力などのエネルギー調達において排出される GHG が対象
SCOPE 3	サプライチェーン全体で排出される GHG が対象

表 2-2　サプライチェーン GHG 排出量の算定範囲

<table>
<tr><th>SCOPE</th><th>直接／間接</th><th colspan="3">対象 GHG</th></tr>
<tr><td>SCOPE 1</td><td>直接排出</td><td colspan="3">自社の工場やオフィスで排出される GHG</td></tr>
<tr><td>SCOPE 2</td><td>間接排出</td><td colspan="3">電力などのエネルギー調達において排出される GHG</td></tr>
<tr><td rowspan="15">SCOPE 3</td><td rowspan="15">間接排出</td><td rowspan="8">上流</td><td>①</td><td>購入した製品・サービス</td></tr>
<tr><td>②</td><td>資本財</td></tr>
<tr><td>③</td><td>SCOPE1, 2 に含まれない燃料およびエネルギー関連活動</td></tr>
<tr><td>④</td><td>輸送・配送（上流）</td></tr>
<tr><td>⑤</td><td>事業から出る廃棄物</td></tr>
<tr><td>⑥</td><td>出張</td></tr>
<tr><td>⑦</td><td>雇用者の通勤</td></tr>
<tr><td>⑧</td><td>リース資産（上流）</td></tr>
<tr><td rowspan="7">下流</td><td>⑨</td><td>輸送・配送（下流）</td></tr>
<tr><td>⑩</td><td>販売した製品の加工</td></tr>
<tr><td>⑪</td><td>販売した製品の使用</td></tr>
<tr><td>⑫</td><td>販売した製品の廃棄</td></tr>
<tr><td>⑬</td><td>リース資産（下流）</td></tr>
<tr><td>⑭</td><td>フランチャイズ</td></tr>
<tr><td>⑮</td><td>投資</td></tr>
</table>

（出所：環境省資料を基に作成）

電力などのエネルギー調達において排出されるGHGが対象で，SCOPE 3はサプライチェーン全体で排出されるGHGが対象である。

SCOPE 1は直接排出，SCOPE 2と3は間接排出である。したがって，サプライチェーン全体の排出量は，＜SCOPE 1排出量＋SCOPE 2排出量＋SCOPE 3排出量＞で求められる。SCOPE 3では15のカテゴリーに分類，また，上流（購買活動によって生じる排出量）と下流（販売活動によって生じる排出量）に分けている。

物流分野のGHG排出は，荷主にとってSCOPE 3の④ 輸送・配送（上流）および ⑨ 輸送・配送（下流）に相当する。港湾や海運もここに入る。

フォルクスワーゲンが，自社の自動車の輸送において船会社にLNG燃料船の使用を求めるのはそうした背景があるからだ。また，アマゾン，イケア，ユニリーバ，ミシュラン，インディテックス（ZARAを展開するアパレル）などの9社が，海上輸送において2040年までに水素等を燃料とする船だけを，商品輸送に使うようにすることを発表している。

企業がその取引先企業（サプライチェーンを構成する企業）に求めることは，

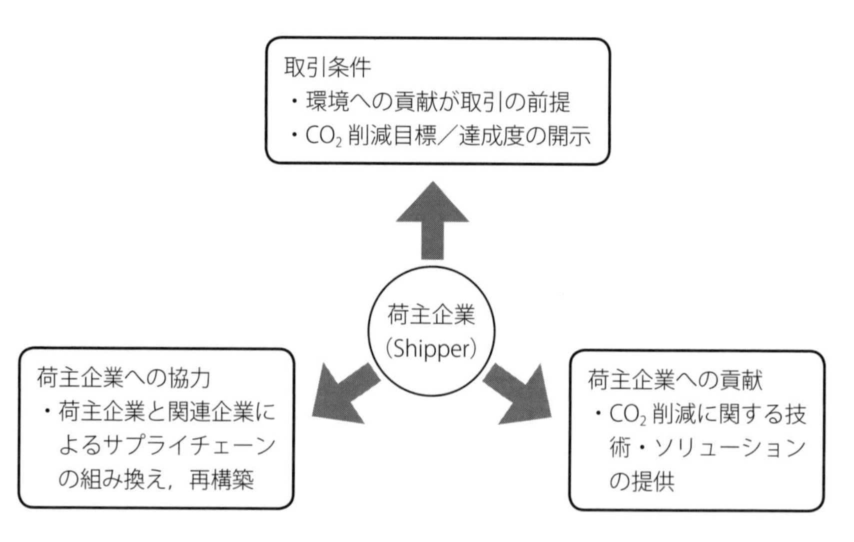

図 2-2　荷主企業が環境対応でサプライチェーン構成会社に求める内容

単に，各企業の GHG 削減だけではなく，もっと積極的な環境目標達成に向けた貢献である。GHG 削減のためのサプライチェーンの組み換えや再構築にむけた協力，あるいは GHG 削減に向けた技術の提供や解決策の提案などが挙げられる。

港湾に対する環境対応への要請は，国際的あるいは社会的な要請と荷主からの要請の二面的なものである。また，それぞれに直接の要請と間接的な要請がある。国際的・社会的要請としては，COP による決定や企業の温室効果ガスの排出量開示や TCFD による情報開示，あるいは ESG 投資や金融機関による SLL などがある。これらは直接的なものであるが，たとえば，「Green × Digital コンソーシアム」の結成などは，すぐに影響が出るものではないが，将来的な影響が考えられる。また，EEXI や CII といった船舶の格付けは，港湾への波及も考えられることから，間接的な要請といえる。国土交通省が推進する CNP 認証（コンテナターミナル）は，港湾版の格付けということができる（第 4 章 参照）。

荷主からの要請についての多くは，今のところ荷主から直接的に港湾への要請は見られないことから，間接的要請といえる。先述の通り，荷主にとって港湾は，海上輸送の一部と捉えられていると考えられる。しかしながら，遅かれ早かれ，荷主も港湾を独立したサプライチェ―ンの構成要素と認識するであろうと考えられる。その時には，直接的に港湾に対しても船会社に対するのと同じような要請が出てくる。港湾・ターミナルにおける温室効果ガス排出ゼロの要請や，港湾・ターミナルに対する格付けなどは当然考えられることである。

荷主の港湾への環境対応の要求度は，現段階ではさまざまである。それは，各荷主企業の環境対応の進み具合の差によるものである。そこで，前述の Scope 1 ～ 3 とは違った視点から，荷主企業の環境対応，言い換えればカーボンニュートラルの実現に至る段階を 4 つに分類してみた（図 2-3）。第 1 段階は「自社の脱炭素」の段階，第 2 段階は「原材料や部品のサプライヤーに対する脱炭素化要請」，第 3 段階が「物流段階での脱炭素化要請」，そして第 4 段階が「回収・処分段階（静脈物流）における脱炭素化要請」である。第 4 段階

表 2-3　港湾に対する環境対応への要請事例

	事　例
国際的・社会的要請	・企業の温室効果ガス排出量の開示。国際ルールの適用が 2024 年開始。 ・TCFD（気候関連財務情報開示タスクフォース）は，企業や金融機関に対して，気候変動が財務に与える影響を分析・開示するよう求める。 ・欧州連合（EU）が「企業持続可能性デューディリジェンス指令（CSDDD）案」を準備。サプライチェーンの環境，人権の順守の注意義務を企業に負わせる。ドイツは，2023 年にすでに施行。 ・IPCC が第 6 次統合報告書公表。CO_2 排出量削減目標の上積必須。 ・ESG 投資，金融機関の SLL の拡大。 ・「Green × Digital コンソーシアム」結成（2023 年 3 月）。サプライチェーン全体の CO_2 削減を可視化する共通的な仕組み構築の取り組み（日本）。 ・日本の各港で CNP 計画が公表。博多港は 2040 年 CO_2 排出量ゼロを目指す。 ・船舶の環境性能による格付け（EEXI, CII）など，環境対応の可視化・格付けが進展。
荷主からの要請	・ソニーグループ，専門部隊が取引先の温室効果ガス削減計画を検証する活動を開始。 ・海運の脱炭素化同盟発足（2023 年 3 月）。アマゾン，パタゴニア，チボーなどによる海運の脱炭素化を加速するゼロエミッション海運バイヤーズアライアンス（ZEMBA：Zero Emission Maritime Buyers Alliance）が発足。 ・アップル，グローバルサプライチェーン構成企業に対して 2030 年までに脱炭素化することを要請。 ・アマゾン，イケア，ユニリーバ，インディテックス（ZARA）など 9 社が，2040 年までに海上輸送において CO_2 排出ゼロの船舶のみ使用することを宣言。 ・フォルクスワーゲンは，自社の完成車の海上輸送において LNG 燃料の船舶の使用を船社に要請。 ・CMA-CGM は，LNG 燃料コンテナ船の拡充で，低炭素輸送をアピール。

（出所：各種報道から作成）

の実現において，サプライチェーン全体の脱炭素が達成される。荷主によって，この段階のどこにあるかで対応が違っているということである。フォルクスワーゲンなどは第 3 段階にあると思われる。大手企業の多くは第 3 段階にある。また，アップルやアマゾンなど一部の企業はすでに第 4 段階に進んでいる。そうした企業に部品を供給するすべてのサプライヤーが脱炭素化を進めなければならない状況にある。先にも述べたが，現段階では多くの荷主は，第 3 段階の「物流段階における脱炭素化要請」では，陸上輸送，海上輸送，航空輸送と分類していると推測する。つまり，物流分野をモードで認識しており，ノードをモードに付随するものとして考えているのではないかと思われる。

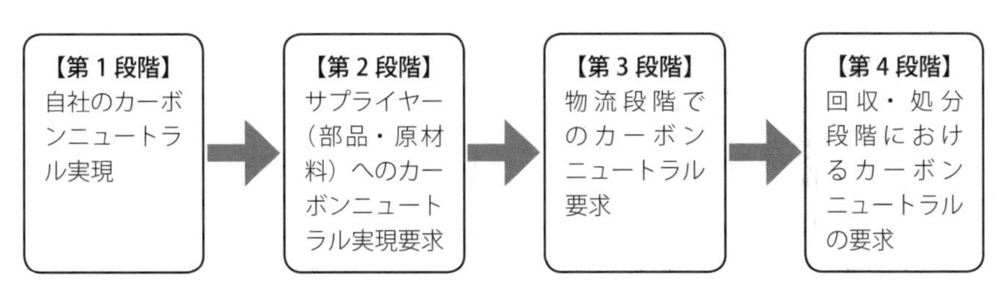

・第 3 段階における物流事業者への要求においては，まず輸送の部分から，次にノードにあたる倉庫や港湾（コンテナターミナル）へと進む。
・現在は，多くの企業では第 1 段階から，第 2 段階にあるが，一部先進的企業では第 3 段階あるいは第 4 段階まで進んでいる。フォルクスワーゲンは第 3 段階である。
・カーボンニュートラルが，企業の垂直統合の動きを加速させる。

図 2-3　荷主のカーボンニュートラル実現の 4 段階

2.2　環境への取り組みのメリット

環境問題への取り組みの議論で，必ず出てくるのが「環境問題に取り組むことでどんなメリットがあるのか？」である。率直に言って直接的なメリットはない。あるとすれば「チャンス」だ。政府・消費者・取引先企業・投資家などのカーボンニュートラルへの要請に応えることで競争優位を高め，利益，市場シェアの拡大が見込める。あるいは，カーボンニュートラルを促進する新しい製品・サービス・技術・ビジネスモデルを得ることができれば，市場シェアを高めるだけでなく，新しい領域への進出も可能となる。しかし，こういうことはカーボンニュートラルに取り組んだからといって自動的に得られるものではない。カーボンニュートラルへの取り組みのその先にあるものである。逆に，カーボンニュートラルに取り組まなかった場合を考えてみる。政府・消費者・取引先企業・投資家などのカーボンニュートラルへの要請に応えられなければ，これまでの商品・サービスの提供ができなくなる。また，カーボンニュートラルにおける顧客への付加価値や効率性において競争優位が保てなければ，市場シェアを失う恐れがある。それは，デメリットというよりリスクである。つまり，カーボンニュートラルへの取り組みはチャンスを広げることに繋がり，取り組まないことによるリスクは大きいということだ。

「船社がその港に寄港するかどうかは，貨物があるかどうかであって CNP を実現したからといって貨物が増えなければ，船社に選ばれる港にはならない」と CNP を疑問視する意見がある。これまでであれば，その意見も，もっともであったであろう。しかし今，荷主のサプライチェーンに対する考え方が大きく変わった。もともとサプライチェーンは経済性，効率化を求める目的で生まれた。繰り返しになるが，現代において，人権や環境に配慮することが重要になっており，サプライチェーンも経済性，効率化に加えて人権，環境，さらにリスク（地政学，経済安全保障，自然災害など），それに対応する BCP[*1] を考慮して構築することが求められている。アップルなど大企業は，サプライチェーン全体におけるカーボンニュートラルを宣言しており，経済合理性より環境を重視する姿勢を打ち出している。つまり，船社が寄港する港を選ぶ考え方が従来

表 2-4　カーボンニュートラル取り組みのリスクとチャンス

リスク	チャンス
政府・消費者・取引先企業・投資家などのカーボンニュートラルへの要請に応えられなければ，これまでの商品・サービスの提供ができなくなる。	政府・消費者・取引先企業・投資家などのカーボンニュートラルへの要請に応えることで競争優位を高めることができ，利益，市場シェアの拡大が見込める。
カーボンニュートラルにおける顧客への付加価値や効率性において競争優位が保てなければ，市場シェアを失う恐れがある。	カーボンニュートラルを促進する新しい製品・サービス・技術・ビジネスモデルを得ることができれば，市場シェアを高めるだけでなく，新しい領域への進出も可能となる。

*1　Business Continuity Planning（事業継続計画)。災害などの緊急事態において企業や団体が損害を最小限に抑え，事業の継続や早期復旧を図る計画。災害に限らず，テロやシステム障害など，あらゆるリスク・危機への備えである。特に日本では 2011 年の東日本大震災をきっかけに，その重要性がますます注目されている。

とは違ってきている。いくら貨物があっても環境対応を疎かにしている港には寄港しない。逆にいえば，貨物が少なくても環境対応の優れた港が選ばれる可能性があり，結果，貨物の増加，そして寄港する船社が多くなるということが想定できる。もちろん多くの貨物を抱える港は，荷主のサプライチェーンから外されないために環境問題にも取り組むことは間違いない。

現在の日本の港の置かれている状況は，基幹航路における直接寄港の減少傾向が続いている（2021年時点）。京浜港では欧州・北米航路の直接寄港航路が21から17へと，阪神港では同じく10から9へと減少した（図2-4）。とりわけ新型コロナのパンデミックによる航路の乱れによって，日本の港では抜港も相次いだ。

世界中の港において環境対応に取り組むなかで，もし，日本の港が環境対応においても劣後したとするなら，ますます船社の日本寄港の減少を加速させることになる。貨物量，自動化，デジタル化などの面ですでに日本の港の優位性

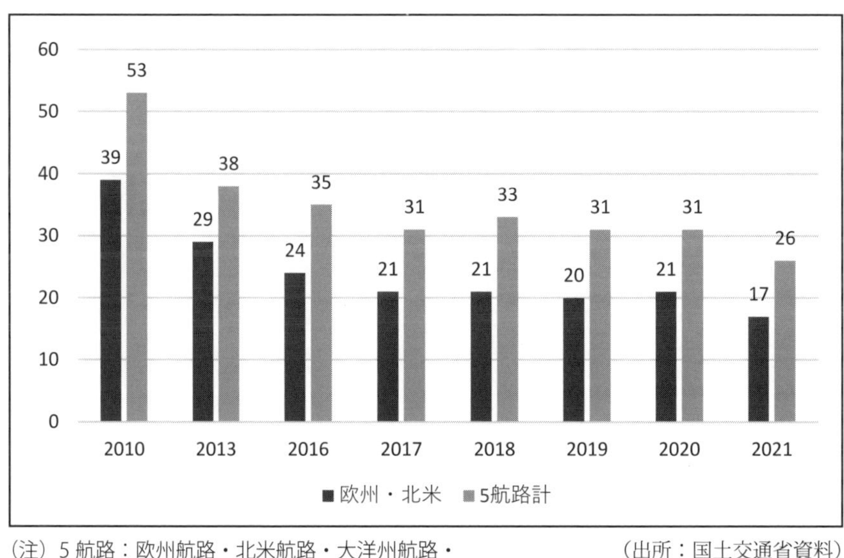

（注）5航路：欧州航路・北米航路・大洋州航路・アフリカ航路・南米航路

（出所：国土交通省資料）

図2-4　京浜港・阪神港の直接寄港航路数

が失われていることは周知の事実である。環境対応こそが，日本の港が世界の主要港に対して優位性を持てる唯一可能性のあるものである。幸い，世界に先駆けて全国規模の展開，世界を視野に入れたCNPという構想がある。これを実現することで，環境対応で世界の港湾の一歩先を行くことができる。

カーボンニュートラルへの対応の遅れは大きなリスクになる一方で，過度な対応は無駄を招く恐れがある。しかしながら，現在の日本の港湾の置かれた状況を考えると，カーボンニュートラルこそ復権の鍵であり，即刻の対応が求められる。

2.3 世界の港湾の環境問題への取り組み

2.3.1 世界の港湾の環境対応の動向

世界の主要港湾では，積極的に環境対応（CO_2 排出量削減）に取り組んでいる。主な取り組みとして，①停泊中船舶への陸上からの電量供給体制の構築（ロサンゼルス港・ロングビーチ港，アントワープ港，ロッテルダム港など），②環境性能に優れた船舶について入港料の減免などのインセンティブを付与するESIプログラムへの参加（アントワープ港，ロサンゼルス港，ロッテルダム港，プサン港など），③LNG・アンモニア・メタノールなど新燃料供給体制の構築（アントワープ港，シンガポール港，釜山港など）がある。港湾における CO_2 排出で大きな割合を占めるのが，停泊中船舶であり，出入りするトラックである。入出航船舶からの CO_2 排出量を減らすために，ESIプログラムに参加し，インセンティブを付与することで船舶の環境対応を促す。また，新燃料の供給体制を整えることも CO_2 フリー船舶への転換を促進する。同様のことを出入りするトラックにも適用することで，港湾全体の脱炭素化を図ろうとして

（次ページの脚注）

＊2　ESI（Environmental Ship Index）：国際海事機関（IMO）が定める船舶からの排気ガスに関する規制基準よりも環境性能に優れた船舶に対して，入港料減免等のインセンティブを与える環境対策促進プログラム。

＊3　欧州5港陸電覚書：2028年までに超大型コンテナ船が寄港するすべてのバースにおいて，陸上電力供給を最大限展開することを共同でコミットする署名。署名者は，アントワー

表 2-5　世界主要港の GHG 削減目標と取り組み例

港　名	GHG 削減目標	取り組み
アントワープ港（ベルギー）	2050 年カーボンニュートラル	＜ESI[*2]＞，＜欧州 5 港陸電覚書[*3]＞ ・水素燃料タグボートや陸上電力供給施設整備 ・2023 年よりグリーンメタノールを生産予定 ・2025 年までにメタノール・水素バンカリングに対応予定
ロサンゼルス港・ロングビーチ港（米国）	2030 年 40%, 2050 年 80% （1990 年比）	＜ESI＞ ・FC 荷役機械の実証事業を実施中 ・入港時の速度が低い船舶へのインセンティブ ・トラック貨物の荷主に対する課金（10＄/TEU） ※ゼロエミッションのトラックなどは免除 ・2023 年にはコンテナ船の陸上電力の受電率 100%を要求 ・LA/LB 共同で大気環境改善のためのアクションプラン策定「CAAP：Clean Air Action Plan[*4]」（2006 年から実施，2017 年に 2 度目の改定）
シンガポール港（シンガポール）	2030 年 50%, 2050 年実質ゼロ（1990 年比）	・LNG バンカリングのためのターミナルなど整備 ・アンモニアバンカリングの実現可能性調査，メタノール燃料供給に向けた検討を実施中（ship-to-ship 方式） ・2027 年までにロッテルダム港との間で持続可能な船舶の航行実現を目指す覚書に署名。
ロッテルダム港（オランダ）	—	＜ESI＞，＜欧州 5 港陸電覚書＞ ・北西ヨーロッパの水素のハブとする構想[*5] ・2025 年までに水素動力トラック 500 台を導入する構想 ・2027 年までにシンガポール港との間で持続可能な船舶の航行実現を目指す覚書に署名
上海港（中国）	—	・陸電への補助金制度 ・ロサンゼルス港と，太平洋横断グリーン海運回廊の実現に向けて協業する方針を発表
釜山港（韓国）	—	＜ESI＞ ・港湾荷役機器・船舶へ水素燃料を導入予定 ・シアトル港，タコマ港と連携，グリーン海運回廊の設立にむけた実現可能性調査を実施中

（出所：国土交通省資料）

プ港（ベルギー），ブレーマーハーフェン港（ドイツ），ハンブルク港（ドイツ），ハロパ港（フランス），ロッテルダム港（オランダ）。

＊4　CAAP による大気質の改善効果（2005 年から 2017 年），NOX 56%，SOX 100%，CO_2 18% 。CAAP による GHG 削減目標，2030 年に 1990 年比 40% 削減，2050 年に 1990 年比 80% 削減。

＊5　結節点としての港湾の強みを生かし，水素の製造や受け入れ基地，輸送パイプラインなど関連インフラの整備を包括的に進める。英メジャー（国際石油資本）のシェルは 20 万キロワット分の水の電気分解装置を備えたグリーン水素工場を 2025 年にも稼働する。英 BP 連合や仏産業ガス大手エアリキードも工場建設の予定。水素製造に使う電力は北海の洋上風力発電を利用する計画。

いる。また，アントワープ港，ロッテルダム港など欧州5港による停泊中船舶への陸上電力供給に共同で取り組む「欧州5港陸電覚書」や「グリーン海運回廊」などにみられるように，環境対応において港湾間の連携がみられることも特徴である。

多くの企業がサプライチェーン全体のCO_2排出量削減を目標にしており，港湾もサプライチェーンの構成要素の一つであることを考えれば，将来，港湾の環境対応が荷主や船会社による港湾選択の大きな要素になると考えられる。いずれ環境対応に取り組まなければならないなら，早く取り組むことで競争優位に立つことができる。

2.3.2　世界主要港の停泊中船舶への陸上電力供給の取り組み状況

(1)　停泊中船舶への陸上からの電力供給の現状

港湾におけるCO_2削減で大きな効果を上げられる対策の一つは，停泊中の船舶への陸上からの電力の供給である。停泊中の船舶への陸上からの電力供給は多くの港湾で計画されている。米国（西岸，アラスカなど），欧州（ドイツ，ベルギー，オランダや北欧諸国など），アジア（中国，韓国，台湾，シンガポールなど）で計画が進んでいる。

現状は計画・開発段階が大多数であり，一部稼働を始めている港もあるが，クルーズ船やフェリーが主な対象であったり，陸上からの電力供給体制を構築しているが従来型の電力であったり，必ずしも完全な形で実現しているわけではない。また，現状では，コンテナ船への陸電供給を実施しているのはロサンゼルス港，ロングビーチ港など北米西岸諸港に限定されている。

2018年の地球気候行動サミットにおいて，世界港湾気候行動計画[*6]（WPCAP）が発表された。これは，海運および港湾からのCO_2排出量を削減し，大気質

＊6　ハンブルク，バルセロナ，アントワープ，ロサンゼルス，ロングビーチ，バンクーバー，ロッテルダムの港湾当局は，世界港気候行動計画を発表し，海上輸送からのCO_2排出削減を促進するためのツールの開発と改良に協力することを発表。その後，参加港は12港に増えた。行動計画実行において，国際港湾港協会（International Port of Harbours）によって開始された「世界港湾持続可能プログラム（World Port Sustainability Program：WPSP)」をプラットフォームとして使用することを決めた。

を改善する計画に取り組んでいる12の主要港の国際的なイニシアティブである。参加港は，アントワープ，バルセロナ，ヨーテボリ，ハンブルク，ルアーブル，ロングビーチ，ロサンゼルス，ニューヨーク／ニュージャージー，ロッテルダム，バレンシア，バンクーバー，横浜の12港である。WPCAPは，5つの目標を掲げている。その一つが，「港内の貨物取扱設備を完全に脱炭素化する取り組みを加速する」である。

停泊中船舶への陸上からの電力供給体制の構築は，欧州および北米西岸港を中心に，これに近い将来中国が加わることで，大きな世界の潮流となってゆくことは間違いない。

表2-6　停泊中船舶へ陸上電力供給をしている主な港湾

ターミナルタイプ	港　名	電圧（kV）	周波数(Hz)	電力（MW）
コンテナ	ロサンゼルス港，ロングビーチ港，バンクーバー港	6.6	60	7.5
クルーズ	ロサンゼルス港，バンクーバー港，シアトル港，ハンブルク港，クリスチャンサン港	6.6～12.5	50～60	12～20
自動車（RORO）	ロッテルダム港，イースタッド港，ゴーセンバーグ港，ストックホルム港	6.6～11	50～60	0.8～3
フェリー	ゴーセンバーグ港，クリスチャンサン港	0.411	50～60	1～2.5
多目的	ゼーブルージュ港，ケミ港	6.6	50	1.25
オフショア	クリスチャンサン港	0.4～0.6	50～60	1～1.4
大型ヨット	バルセロナ港	6.6	50	3.4
河川バージ	ハロパ港	0.4	50	0.025

出所：POWER-TO-SHIP(P2S)/ONSHORE POWER SUPPLY (OPS) QUESTIONNAIRE RESULTS (WPCAP)　https://sustainableworldports.org/wp-content/uploads/On_shore_power_supply_summary-surveys_final.pdf

注：イースタッド港，ゴーセンバーグ港，ストックホルム港 はスウェーデン。ケミ港はフィンランド。クリスチャンサン港はノルウェー。ハロパ港はフランス。ゼーブルージュ港はベルギー。

(2) 日本の停泊中船舶への陸上からの電力供給の取り組みの現状

日本においてもこれまで，停泊中船舶への陸上からの電力供給について，いくつかの実証実験が行われた。2010 年度に，大阪南港，北九州港，苫小牧港の 3 港で既存の大型フェリーを使っての実証実験が行われた。その後大きな進展はなかったが，国土交通省による CNP 構想において，停泊中船舶への陸上電力供給は重要な施策の一つとして取り上げられた。これを受けて，神戸港や横浜港を中心に，CNP 検討会などにおいて停泊中船舶への陸上電力の導入にむけて具体的に検討が進められている。

神戸港では，近畿地方整備局主催の神戸港における陸上電力供給設備等の導入にむけた勉強会を開催すると同時に，「神戸港カーボンニュートラル（CNP）協議会」において停泊中船舶への陸上電力の供給に関する具体的な議論が進んでいるようだ。

内航船について，新港東突堤 UV バースにおいて 2023 年秋ごろから陸電供給が始まる見込みである。現在，井本商運が建造中の内航コンテナ船（749GT）2 隻（2023 年 11 月以降竣工予定）に無停電切り替え方法（ブラックアウトしない）による陸電供給設備を本船に取り付け予定で，これら 2 隻就航に合わせて陸電供給を始めるようだ。陸上側の設備は，神戸市が整備するとみられる。必要な陸電容量は，150kV, 440V, 200A である。ただ，ケーブルを本船に繋ぐ労務負担や，電気代の負担など抱える課題は少なくない。

外航船については，近畿地方整備局が中心となり検討が進められているようだが，陸上側の設備，本船の設備や電気料金の負担など解決すべき課題は多い。外航船は，電気容量も内航船に比べ格段に大きく，実現にはいくつも越えなければならないハードルがある。ロサンゼルス港・ロングビーチ港ではすでに導入されていることから，北米西岸航路に就航しているコンテナ船を対象に始めるのが現実的かと思われる。いずれにしても，早急に具体的な導入設備や方法などについて決める必要があるだろう。

(3)　世界の地域別にみる取り組みの現状

① 欧州

すでにオランダ，ドイツ，スウェーデン，ノルウェーなどの港で一部実施されている。今のところ，クルーズ船，自動車運搬船，フェリーなどが中心であり，港毎に対象とする船種が違っている。たとえばハンブルク港はクルーズ船，ロッテルダム港は自動車運搬船といった具合である。今のところ，大型コンテナ船への供給には至っていないが，次のステップとして大型コンテナ船への供給体制の構築を視野に入れている。アントワープ港，ブレーメン港，ハンブルク港，ハロパ港，ロッテルダム港の 5 港は 2028 年までに大型コンテナ船への

表 2-7　陸上から停泊船舶に供給される電力のソース

港　名	電力のソース	voltage (kV)	周波数 (Hz)
ロッテルダム港	National Grid	25	50
ゼーブルージュ港	National Grid	11	50
イースタッド港（スウェーデン）	Green Energy（Renewable）	11	50 ～ 60
バンクーバー港	British Colombia hydroelectric power	12.5 ～ 69	60
シアトル港	Seattle City Light-93% clean sources	11	60
ロングビーチ港	Southern California Edison（SCE）	12 or 25	60
ロサンゼルス港	Local City of LA grid, City of LA Dept, of Water & Power	34.5	60
ハロパ港	National Grid	20	50
クリスチャンサン港（ノルウェー）	Hydro Power	11	50
ハンブルク港	National Grid, renewable	10	50
ゴーセンバーグ港	National Grid	10	50
ストックホルム港	25 or 6	11	50
バルセロナ港	National Grid	25 or 6	50
ケミ港（フィンランド）	National Grid	6.6	50

出所：POWER-TO-SHIP(P2S)/ONSHORE POWER SUPPLY(OPS) QUESTIONNAIRE RESULTS (WPCAP)

陸上電力の供給を実施することを共同で発表した（欧州 5 港陸電覚書）。

欧州の取り組みの特徴は，イースタッド港（スウェーデン），クリスチャンサン港（ノルウェー）やハンブルク港（ドイツ）にみられるように，供給する

表 2-8　地域別にみる停泊中船舶への陸上電力供給の現状

地域／国	現　状
欧　州	EU 域内の港で実施されている。今のところクルーズ船（Hamburg，Kristiansand），自動車運搬船（Rotterdam，Ystad，Gothenburg，Stockholm），フェリー（Gohenburg，Kristiansand）が中心。北欧（スウェーデンなど）や Hamburg が再生エネルギーを使用している。 Antwerp，Bremen，Hamburg，Haropa，Rotterdam の 5 港は共同で，2028 年までにコンテナ船への陸上からの電力供給実施を発表。
米　国	すでに，LA，LB，Oakland 等でコンテナ船やクルーズ船への陸上電力供給を実施している。東岸については，これまで大きな動きはない。 カリフォルニア州の CARB（California Air Resources Board）の提案スケジュールに従って 2027 年までに完全実施の予定。 ＜ CARB による実施スケジュールの要求＞ ・コンテナ船／クルーズ船：2023 年 1 月 1 日より 100%実施 ・RORO 船（含む，自動車専用船）：2025 年 1 月 1 日より 100%実施 ・タンカー：カリフォルニア州南部地域…2025 年 1 月 1 日より 100%実施。カリフォルニア州北部地域…2027 年 1 月 1 日より 100%実施
中　国	中国送電大手，国家電網傘下の江蘇省電力は 2021 年 4 月 14 日，江蘇省（Jiangsu）連雲港（Lianyungang）港で，国内初となる発電・貯蔵一体型陸上電力供給システムの運用を開始したことを発表した。 主要港（天津・大連・青島・上海・寧波・厦門・深圳・広州）には，すでに陸上からの電力供給設備が用意されている。これまで，CO_2 削減については内航船のエンジン改良政策の補助的手段として陸電設備の整備を進めてきたが，今後は急速に外航コンテナ船への陸電供給に取り組むとみられる。
アジア	台湾（高雄），韓国（釜山）で陸上からの電力供給の実証実験を実施。
日　本	2006 年度，東京港 竹芝ふ頭にて貨客船を対象に，停泊中の陸上電力供給実証実験を実施，その後，2010 年度に，大阪南港，北九州港，函館港，苫小牧港，新居浜港の 5 港で，うち大阪南港，北九州港，苫小牧港の 3 港では既存の大型フェリーを使っての実証実験を行っている。函館港は練習船を使用。また，新居浜港ではシミュレーションのみであった。 CNP において停泊中船舶の陸上電力供給体制が求められており，神戸港や横浜港が先行する形で CNP 検討会などにて検討中。

（出所：各種報道，聞き取り調査を基に作成）

電力のソースについてもすでに再生エネルギーを使用するなどの対応をしている点である。

EUは，海運部門のGHG削減のために新たな規則「Fuel EU Maritime」に合意した（2023年4月発効）。この規則により2030年以降，EU主要港で停泊するコンテナ船と旅客船に対して，陸上電力供給が義務化される。

EUは，船舶で使用する燃料の年間温室効果ガス強度（GHG intensity）を2025年に2％，2030年に6％，2035年に14.5％，2040年に31％，2045年に62％，2050年に80％削減することを求めている。

② 米国

米国では，カリフォルニア州の規制により，停泊船舶への陸上電力の供給を含め環境対策が進んでいる。環境対応が進んでいるのは米国全体ではなく，カリフォルニア州による規制が背景にあるためで，東岸諸港とは大きく事情が異なる。現状，大型コンテナ船への本格的な陸上電力供給が実施されているのは，北米西岸諸港のみである。

③ 中国

中国では，上海，天津，厦門，深圳，広州，青島，大連，寧波など主要港では，陸上からの電力供給設備が整っている。ただし，コンテナ船を含む外航船舶への供給はまだ実施されていない。

中国の陸上電力供給設備の整備の背景には，特に揚子江流域における大気汚染対策として主な対象である内航船のCO_2削減が目的で，ターミナルにおける整備を奨励してきたことがある。（政府が勧める）整備においては，当然ながら多くの補助金が支給される。

内航船のCO_2排出規制をクリアできない場合に，代替的に陸上からの電力を利用するというように，陸上電力供給は代替的なものとしてスタートしたようだ。ここにきて，世界の動きから今後，外航コンテナ船への電力供給へと舵を切ることは十分に予想される。

＜2018年度 交通運輸部通達の抜粋＞

運航中の船舶に対して，段階的に規制要求を推進する。内航船（公海直行船含む）はすでに低硫黄燃料を使用していることを考慮し，前期は内航大型船舶をメインで実施する。詳細を下記する。

船内最大単体エンジンが500 kW以上の中国籍内航船は2021年7月1日から「船舶エンジン排気汚染物限界値及び測量方法（中国第一，二段階）」の中の第二段階要求を満足しているエンジンを使用する。

船内最大エンジンが500 kW以下及び上記基準を満足できない内航船は2022年1月1日から陸電を代替案として使用する。「船舶と港汚染防止行動法案（2015～2020年）」と「全国港陸電設置法案」の中の陸電供給能力を基に，詳細を下記する。

公務船，コンテナ船，フェリー，郵便船，3,000トン級以上の客船と5万トン級以上の貨物船が陸電供給できる港に停泊時，かつ停泊時間が3時間以上の場合は陸電を使用する。

公務船，コンテナ船，フェリー，3,000トン級以上の客船が船舶排気規制区域の港に停泊する場合は陸電を使用する。

※中国の船舶排気規制区域（ECA）は，Circum-Bohai-Sea ECA，Yangtze Delta ECA，Pearl River Delt ECA。

④　その他

台湾（高雄），韓国（釜山）で，陸上からの電力供給の実証実験を実施している段階である。

(4)　陸上からの電力供給の取り組み事例

①　米国（カリフォルニア州）

米国カリフォルニア州では，2009年1月にカリフォルニア州大気資源局（CARB：California Air Resource Board）が入港船舶に対する規制を発表，2014年1月から入港する50％の船舶に対して陸電の搭載もしくは同等の対策を行

（次ページの脚注）

＊7　2012年に，日本郵船のコンテナ船「NYK Apollo」が停泊中に陸上からの電力供給を受けたことが報告されている（https://www.nyk.com/esg/nyk/__icsFiles/afieldfile/2013/01/01/2013_nykreport_all.pdf）。オークランド港における陸上電力供給の第1船は，2011年，APLの“Global Gateway”。

うなどの規制を始め段階的に規制を強化しており，ロサンゼルス港，ロングビーチ港ではコンテナ船の停泊中の陸上電力の供給が本格的に稼働している。また，オークランドでも陸上からの電力供給が行われている*7。この規制の主な要件は，2014年から50％，2017年から70％，2020年から80％，2023年100％（コンテナ船，クルーズ船）の排出削減である。

オークランド港の2020年の入港船舶は1,232隻，そのうちの75％にあたる920隻が停泊中に陸上から電力の供給を受けた。また，オークランド港における陸上電力供給の認可登録されている船舶は523隻にのぼる（2021年5月時点）。

米国は全体として環境問題に関してはその取り組みは消極的であったが，カリフォルニア州は例外的に環境問題に関して，特に大気汚染には強い規制を強

表2-9　オークランド港船舶への陸上電力供給状況（2020年）

船社	寄港数	陸電対象船舶数	陸電利用船舶数	陸電対象船舶の割合	陸電利用船舶の割合
CMA-CGM Group	117	84	74	72%	63%
Cosco	43	40	37	93%	86%
Evergreen	140	125	114	89%	81%
Hapag Lloyd	112	102	95	91%	85%
Hyundai	55	48	45	87%	82%
Maersk	148	87	72	59%	49%
Matson (MV)	108	104	96	96%	89%
MSC	135	130	129	96%	96%
ONE	231	213	200	92%	87%
Pasha	47	NA	NA	NA	NA
Polynesia	10	0	0	0%	0%
SM Line	8	8	7	100%	88%
U.S.Lines	17	0	0	0%	0%
Wan Hai	1	0	0	0%	0%
Yang Ming	59	54	51	92%	86%
ZIM	1	0	0	0%	0%
Total	1,232	995	920	81%	75%

（出所：Port of Oakland HP）

いている。その中心にあるのが，CARB である。その指針に基づきロサンゼルス港，ロングビーチ港でなどは，CO_2 を含めた大気汚染の削減に向けたさまざまな取り組みがなされている。その一番の取り組みが，停泊中の船舶に対する陸上の電力供給体制の構築である。同港に入港するコンテナ船の多くが，停泊中は陸上の電力の供給を受けている。供給電力は 6,000 ボルトであり，船舶への供給には変換が必要である，そのための機器は，コンテナターミナルに設置されており，40 FT コンテナサイズで，入港時にクレーンで本船に積み込み，陸上側と接続する仕様となっている。2027 年までに，すべての入港船舶に停泊中に陸上からの電力供給をする体制を目指す。

また，ロサンゼルス港は現在，持続可能な都市計画やサンペドロ湾の港湾大

出所：LA 港湾局 HP

出所：TRAPAC

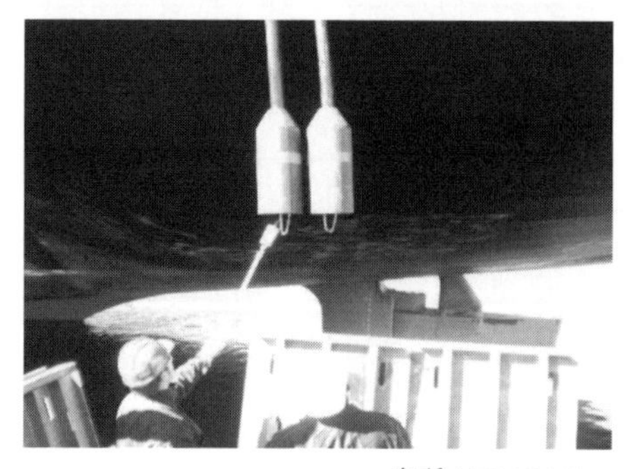

出所：TRAPAC

出所：TRAPAC

図 2-5　ロサンゼルス港での，コンテナ船への陸上電力供給の様子

気浄化行動計画に沿って，大型水素燃料電池トラックとコンテナ荷役機器のヤード内コンテナの荷役・移動の実証実験を行っており，トヨタ自動車北米部門と協働している。

② ドイツ（ハンブルク港）

ハンブルク港クルーズターミナルにおいて，寄港するクルーズ船に対し，陸上の系統網から電力を供給する陸上電力供給システム（OPS：Onshore Power Supply System）が2017年から稼働している。OPSを所有・運用しているのは，ハンブルク港を管理する市営のHPA（Hamburg Port Authority）である。

ハンブルク港では，2017年から同港クルーズターミナルにおいて，クルーズ船の停泊中に陸上からの電力の供給を行っている。供給される電力は，水力発電を中心に風力発電や太陽光発電など，100％再生エネルギーによる電力を使用している。このシステムを開発したのは独Siemens社である。ドイツにおける系統周波数は50Hzだが，船舶の約80％は60Hzを採用しており，電圧もバラバラである。寄港した船舶の周波数に変換し，電圧も調整して臨機応変に電力を供給できる周波数変換機能を持つシステムである。60Hzの船舶の場合は6.6kVと11kVに，50Hzの場合は6kVと11KVに対応している。船舶が持つ給電用のコネクターに接続するためのケーブル管理システムは，給電ケーブル車が自動走行，遠隔操作で接続されるよう工夫されている。

③ 中国（連雲港）

中国送電大手，国家電網傘下の江蘇省電力は2021年4月，江蘇省（Jiangsu）連雲港（Lianyungang）港で，国内初となる発電・貯蔵一体型陸上電力供給システムの運用を開始したことを発表した。全国に先駆けて高圧陸上電力供給システムを使用する連雲港では，すでに9つのバース（停泊位置）に，この電力供給システムが設置されているという。

報道によると，出力量5メガワットの発電・貯蔵施設である。これにより，総量10メガワット以上または1バースあたり3メガワット以上の陸上電力供給需要を満たすことが可能である。推計によると，同港の9つのバースの陸上電力使用単価は0.9元（1元＝約17円）/キロワット時だったが，新システムの運用開始により，使用単価は 0.7 元／キロワット時まで下がり，燃料を使用した場合と比べ，船舶停泊中の運用コストをさらに 30％前後削減することが可能となった。

(5)　国際規格化への取り組みの動向

停泊中の船舶への陸上電力の供給は，船舶が港で接岸中に発電エンジンを停止させ陸上から電力を供給することで，重油を燃焼することによる CO_2 を主としたGHG（Green House Gas）の排出減少を目的としたものである。2000 年ごろから米国ロサンゼルス港やロングビーチ港で検討が始められ，現在カリフォルニア州の多くの港で導入されている。船舶のすべての熱源を停止させることから “Cold Ironing” とも呼ばれている。

停泊船舶への陸上電力供給システムの国際規格化（標準化）に向けて，IEC，ISO，IEEE の 3 団体の共通規格が開発されることになった。IEC が中心となり，その技術委員会（Technical Committee：IEC/TC18）内に第 28 合同作業グループ（JWG28）を設置し，検討している。まず，第一部（IEC/IEEE80005-1，交流 1,000 V 以上の高圧の規格）が制定され，ついで，データ通信規

表 2-10　JWG28 開催状況（2009 年以降）

年　月	開催地（国）	日本の出席
2009 年　5 月	ロサンゼルス（米国）	○
2009 年 10 月	神戸（日本）	○
2010 年　2 月	ローマ（イタリア）	
2010 年　6 月	シアトル（米国）	○
2010 年 11 月	ハンブルク（ドイツ）	○
2011 年 10 月	オスロ（ノルウェー）	○
2013 年　4 月	ロングビーチ（米）	○
2014 年　2 月	グルノーブル（フランス）	○
2014 年　7 月	シアトル（米国）	
2014 年 10 月	東京（日本）	○
2015 年　4 月	ミラノ（イタリア）	
2015 年 12 月	ロサンゼルス（米国）	
2016 年　2 月	ワシントン DC（米国）	
2016 年　6 月	バンクーバー（カナダ）	
2017 年 10 月	ミラノ（イタリア）	○
2018 年　5 月	大阪（日本）	○
2019 年　6 月	ベルゲン（ノルウェー）	○

出所：丹羽康之，佐藤公泰「陸上から船舶への給電設備に係る国際規格改定への取り組み」海上技術安全研究所報告 第 19 号 第 2 号 特集号（令和元年度）

格（IEC/IEEE80005-2，ISO は含まない），そして，交流 400 V 以上 1,000 V 未満の低圧規格（IEC/IEEE80005-3）が検討されている（2019 年 7 月時点）。

IEC/IEEE80005-1 では，陸上から船舶に AC1,000 V 以上の電力を供給するための陸上および船上の高圧陸上電源接続（HVSC）システムに関する要件（設計，据付および試験）を取りまとめている。IEC/IEEE80005-3 は，低圧陸上電

表 2-11　陸電システムの規格

規格番号	IEC/IEEE80005-1	IEC/IEEE8005-2	IEC/IEEE80005-3
名称（仮訳）	陸電装置ー第 1 部：高圧陸上電源接続システムー一般要件 第二版では，規格番号から ISO は外れている。	陸電装置ー第 2 部：高圧および低圧陸上電源接続システムー監視及び制御用データ通信	陸電装置ー第 3 部：低圧陸上電源接続システムーー般要件
進捗	第二版制定（2019 年 3 月）	第一版制定（2016 年 6 月） 現在改定動向なし	IEC PAS 80005-3：2014 制定（2014 年 8 月） PAS（公開仕様書）に修正を加え，正式な規格とすることを目的に第一版の制定作業中
目的	世界的な船舶による大気汚染削減の流れに鑑み，停泊時の発電機エンジンを停止し，陸上より電力を供給することで，船舶から排出される環境汚染物質を減少させることを目的とした高圧陸上電源接続システムの要件を定めている	高圧陸上電源接続システムおよび低圧陸上電源接続システムの通信要件と通信手順を定める	世界的な船舶による大気汚染削減の流れに鑑み，停泊時の発電機エンジンを停止し，陸上より必要量の電力を供給することで，船舶から排出される環境汚染物質を減少させることを目的とした低圧陸上電源接続システムの要件を定める
概要	陸上から船舶に AC1,000V 以上の電力を供給するための陸上および船上の高圧陸上電源接続（HVSC）システムに関する要件（設計，据付および試験）を取りまとめている	高圧および低圧の陸上電源接続システムの通信要件と手順を取りまとめている	陸上から船舶に AC400V 以上 1,000V 未満，250A 以上の電力を供給するための陸上および船上の低圧陸上電源接続（LVSC）システムに関する要件（設計，据付および試験）を取りまとめている

出所：丹羽康之，佐藤公泰「陸上から船舶への給電設備に係る国際規格改定への取り組み」海上技術安全研究所報告 第 19 号 第 2 号 特集号（令和元年度）

源接続（LVSC）システムに関する要件（設計，据付および試験）を取りまとめている。

IEC/IEEE80005 の規格に ISO の名称が記載されていないが，IEC/ISO/IEEE/TC18 とその作業グループは 3 団体合同で行われており（JWG28），ISO もこの件に正式にコミットしている。ISO，IEC ともに幹事国のノルウェーが主導している。実質的検討は IEC が中心になって行われている。新型コロナの影響で，国際会議は 2019 年 6 月以降開催されていなかったが，必要に応じて WEB 会議の形でアドホックミーティングが開催された。

IEC/IEEE80005-1 について，電源接続システムの要件を船種ごとに決めているが，RORO 船の中で（自動車専用船は除く）となっていた。その後，自動

表 2-12　IEC/IEEE80005-1 附属書による船種ごとのの規定

IEC/IEEE80005-1; 2019	附属 B（規定）	附属 C（規定）	附属 D（規定）	附属 E（規定）	附属 F（規定）
ANNEX	RORO 船	クルーズ船	コンテナ船	LNG 船	タンカー
公称電圧	AC11 kV 地域的水上輸送業務においては AC6.6 kV を使用可能	AC11 kV および／または 6.6 kV	6.6 kV	6.6 kV	6.6 kV
船陸間のケーブル本数	1 本	4 本 パワー 1 本 ニュートラル 1 本制御ケーブル	2 本	3 本	3 本パワー制御および監視ケーブル
最大需要電力	6.5 MVA	16 MVA 以上（20 MVA 推奨）	7.5 MVA	10.7 MVA	10.8 MVA
最大短絡電流	実効値 16 kA/1 秒 ピーク値 40 kA	実効値 25 kA/1 秒 ピーク値 63 kA	実効値 16 kA/1 秒 ピーク値 40 kA	実効値 25 kA/1 秒 ピーク値 63 kA	実効値 16 kA/1 秒 ピーク値 40 kA

出所：POWER-TO-SHIP (P2S) / ONSHORE POWER SUPPLY (OPS) QUESTIONNAIRE RESULTS (WPCAP)

車専用船の取り扱いについて検討中である。ちなみに，コンテナ船については，陸上電源の接続のためのケーブルは，本船が保有，一方，それ以外の船種については，陸上（ターミナル）側で保有するという内容になっている。

以下，国際標準化に関係する国際機関 ISO，IEC，IEEE について説明する。

＜ ISO：International Organization for Standardization（国際標準化機構）＞

ISO は，国家間の製品やサービスの交換を助けるために，標準化活動の発展を促進することおよび，知的，科学的，技術的，そして経済的活動における国家間協力を発展させることを目的に，1947 年，18 カ国によって発足した。2023 年 10 月末時点で，会員数 169 カ国，日本は 1952 年に加盟した。

また，国際的な取引をスムーズに行うために国際的な基準を作っており，ISO が制定した規格を ISO 規格といい，2018 年末までに発行した規格は 22,467 にのぼる。従来は，製品そのものを対象とした規格「モノ規格」が主流であったが，「品質マネジメントシステム（ISO9001）」や「環境マネジメントシステム（ISO14001）」などで知られている「マネジメントシステム規格」が登場した。近年は，サービスやシェアリングエコノミー，スマートシティなどの社会システムの分野に拡大している。

＜ IEC：国際電気標準会議（International Electrotechnical Commission）＞

IEC は，電気および電子技術分野の国際規格の作成を行う国際標準化機関で，各国の代表的標準化機関から構成されている。ISO で取り扱っていない，電気・電子技術分野の国際規格の策定を行っている。IEC は，1906 年に 13 カ国で発足し，「電気および電子の技術分野における標準化のすべての問題および規格適合性評価のような関連事項に関する国際協力を促進し，これによって国際理解を促進する」ことを目的にしている。正会員と準会員を併せて 88 カ国が参加し，8,653 以上の規格を管理している（2022 年 12 月現在）。

＜ IEEE：アイ・トリプルイー（Institute of Electrical and Electronic Engineers）＞

IEEE とは，電気・電子分野における世界最大の専門化組織である。主に工学分野における学会としての活動と，工業技術の標準化団体としての活動を行っている。アメリカで設立された団体だが，世界 160 カ国に 40 万人を超える会員の過半数はアメリカ国外にいて，各国に支部を置いて活動する国際的な非営利組織である。IEEE 規格の多くは米国国家規格（ANSI）として採用されており，また，LAN，コンピュータ・ソフトウェアに関するものは ISO 規格に採用される傾向にある。規格の内容は 5 年ごとに見直され，必要に応じて改訂や廃棄される。

2.4　日本の港湾の環境問題への取り組み

日本の港湾における環境問題への取り組みとしては大きく 2 つある。1 つは，2020 年の菅首相（当時）の「カーボンニュートラル宣言」を受けて国土交通省港湾局によって 2021 年末に作成・公表され，推進されている CNP（カーボンニュートラルポート）構想である。そして，2023 年 3 月末には，CNP の実現を後押しする役割のもと「CNP 認証（コンテナターミナル）」（案）が公表され，同年 4 月からの試行を経て実施が見込まれている（詳細は第 3 章・第 4 章 参照）。

もう 1 つは，再生可能エネルギーとしての洋上風力発電事業に伴う拠点港湾（基地港湾）の整備である。すでに，秋田港などいくつかの洋上風力発電設備の建設が始まっており，こうした工事のための資材の蔵置・船への積み込みのための港湾整備が必要であり，すでに 5 つの港湾が基地港湾としての指定を受けている（p.21 ～ 22，第 1 章「1.4.3（4）拠点港湾の整備」参照）。

第3章　CNPについて

3.1　CNP

2020年，菅首相（当時）の「カーボンニュートラル宣言」を受けて，脱炭素化社会の実現に向けて国土交通省港湾局は，2021年6月から「カーボンニュートラルポート（CNP）形成に向けた検討会」を開催，同年12月24日に「カーボンニュートラルポート（CNP）の形成に向けた施策の方向性」と「「カーボンニュートラルポート（CNP）形成計画」策定マニュアル（初版）」を策定，公表した[*1]。この施策の方向性に沿った取り組みを，関係省庁や港湾

表3-1　「施策の方向性」および「マニュアル」のポイント

施策の方向性	◇ CNPの目指す姿は「水素等サプライチェーンの拠点としての受入環境整備」と「港湾地域の面的・効率的な脱炭素化」であり，取組の方向性を「CNP形成の対象範囲」「港湾地域における官民一体となった取組」「水素等の大量・安定・安価な輸入・貯蔵等」等の視点で整理。
マニュアル	◇ CNP形成計画は，各港湾において発生している温室効果ガスの現状及び削減目標，その実現のために講じる取組，水素・燃料アンモニア等の供給目標及び供給計画等をとりまとめたもの。策定主体は，港湾管理者。策定に当たり，関係事業者等が参画する協議会の設置が望ましい。 ◇ CNP形成計画の記載項目（CNP形成計画における基本的な事項，温室効果ガス排出量の推計・削減目標・計画，水素・燃料アンモニア等供給目標・計画，対策の実施・進捗管理・公表等）を示すとともに，港湾管理者がCNP形成計画を作成・進捗管理していくプロセス等をまとめたもの。

（出所：国土交通省港湾局2021年12月24日プレスリリース）

＊1　下記の国土交通省ウェブページを参照。
https://www.mlit.go.jp/kowan/kowan_fr4_000050.html

管理者と連携して CNP 形成計画として進めている。

CNP の目指す姿は「水素等サプライチェーンの拠点としての受入環境整備」と「港湾地域の面的・効率的な脱炭素化」である。つまり，ターミナルといった狭い範囲ではなく，港湾地域全体として脱炭素実現のための新エネルギーの拠点を含めた全体的な構想である。

その実現のために国土交通省は，関係省庁や港湾管理者に対して「CNP 形成計画」の策定を求めた。

2021 年（令和 3 年）1 月に政府の検討会に先行する形で，小名浜港，横浜・川崎港，新潟港，名古屋港，神戸港，徳山下松港の 6 港において CNP 検討会が立ち上げられた。その後，国土交通省による「施策の方向性」と「マニュアル」が公表され，各港で順次「CNP 形成計画」策定のために検討会・協議会が立ち上げられた。2023 年 3 月時点で全国 60 の港湾で検討会・協議会が設置されており，同年 3 月に多くの港湾において「CNP 形成計画」が発表されている。

表 3-2　カーボンニュートラルポート検討会（2021 年 1 月・3 月開催）

港湾	構成員等
小名浜港	【民間事業者 25 者】IHI，いわき小名浜コンテナサービス，磐城通運，岩谷産業，小名浜海陸運送，小名浜製錬，小名浜石油，小名浜東港バルクターミナル，小名浜埠頭，クレハ，堺化学工業，サミット小名浜エスパワー，三洋海運，JERA，常磐共同火力，常和運送，東電フュエル，東邦亜鉛，常磐港運，トヨタ自動車，根本通商，福島臨海鉄道，三菱ケミカル，三菱重工業，三菱商事 【行政機関】東北地方整備局、福島県、いわき市、福島復興局 等 【関係団体】NEDO, いわき商工会議所, いわきバッテリーバレー推進機構, 産業技術総合研究所福島再生可能エネルギー研究所，福島県産業振興センターエネルギー・エージェンシーふくしま，福島県生コンクリート工業組合
横浜港・川崎港	【民間事業者 16 者】旭化成，岩谷産業，ENEOS，JFE スチール，JERA，昭和電工，住友商事，千代田化工建設，電源開発，東亜石油，東京ガス，日本郵船，三井 E＆S マシナリー，ロジスティクス・ネットワーク，横浜川崎国際港湾，横浜港埠頭 【行政機関】関東地方整備局，横浜市，川崎市 等 【関係団体】神奈川港運協会，神奈川倉庫協会

	【有識者】横浜国立大学大学院教授 光島重徳
新潟港	【民間事業者 19 者】IHI，青木環境事業，ENEOS，グローバルウエーハズ・ジャパン，サトウ食品，石油資源開発（JAPEX），全農サイロ，東北電力，新潟国際貿易ターミナル，新潟石油共同備蓄，日本エア・リキード，日本海曳船，日本海エル・エヌ・ジー，日本通運，富士運輸，北越コーポレーション，北陸ガス，三菱ガス化学，リンコーコーポレーション 【行政機関】北陸地方整備局，新潟県，新潟市，聖籠町，新潟カーボンニュートラル拠点化・水素利活用促進協議会事務局（関東経済産業局）等 【関係団体】新潟県トラック協会，新潟県商工会議所連合会
名古屋港	【民間事業者 17 者】出光興産，岩谷産業，JERA，住友商事，中部電力，長州産業，東邦ガス，トヨタ自動車，豊田自動織機，豊田通商，日本エア・リキード，日本製鉄，パナソニック，三井住友銀行，三菱ケミカル，三菱 UFJ 銀行，名古屋四日市国際港湾 【行政機関】中部地方整備局，愛知県、名古屋市、四日市市，名古屋港管理組合，四日市港管理組合 等 【関係団体】中部経済連合会，東海倉庫協会，名古屋港運協会，名古屋商工会議所，愛知県トラック協会
神戸港	【民間事業者 19 者】岩谷産業，大林組，川崎汽船，川崎重工業，関西電力，神戸製鋼所，シェルジャパン，丸紅，三菱パワー，ENEOS，パナソニック，上組，三菱ロジスネクスト，商船港運，三井 E＆S マシナリー，日本郵船，商船三井，井本商運，阪神国際港湾 【行政機関】近畿地方整備局、神戸市 等 【関係団体】兵庫県倉庫協会，兵庫県冷蔵倉庫協会，兵庫県港運協会，神戸海運貨物取扱業組合，神戸旅客船協会，兵庫県トラック協会 【学識経験者】神戸大学大学院教授 小池淳司，ロジスティクス経営士 上村多恵子
徳山下松港	【民間事業者 4 者】出光興産，東ソー，トクヤマ，岩谷産業 【行政機関】中国地方整備局，山口県，周南市 等 【関係団体】中国地方港運協会，中国経済連合会 【学識経験者】山口大学大学院教授 榊原弘之，山口大学大学院教授 稲葉和也

（出所：国土交通省資料）

3.2　CNP の対象とする範囲・領域

CNP の対象は，基本的に国内の特定重要港湾（22 港），重要港湾（106 港）である。そして，その対象範囲は，港湾管理者の監督下にある港湾エリア全体である。2050 年の日本政府の掲げる脱炭素社会実現のためには，すべての港が対象でなければ意味がない。また，港湾全体でなければならない。なぜなら，コンテナターミナルの場合，コンテナターミナルのみを対象範囲とすると，たとえば，オフドック CFS のようにターミナルの外に位置する施設やターミナルに出入りするトラックや船舶はその対象外になってしまう。港湾地区全体を対象とすれば，オフドック CFS や入出港船舶およびトラックにおいてもその対象とすることができる。

したがって，対象事業者もターミナルオペレーターだけではないことになる。つまり，対象となる事業者は，①ヤード内は，ターミナルオペレーター，②CFS（オフドックの場合）は，フォワーダーなどの借受事業者，③入港船舶は，船会社，④背後圏輸送のトラックは，トラック会社／荷主ということになる。

コンテナターミナルを含めた港湾においては，背後圏輸送のトラックおよび港に停泊する船舶による CO_2 の発生が多い。港で発生する CO_2 の約 30％が停泊中の船舶によるものである（国土交通省調べ，2019 年データ）。ターミナル内の荷役機器などの割合は決して多くない。ガントリークレーンや RTG の一部など，すでに電気により稼働しているものも少なくない。

表 3-3　CNP 対象領域と対象事業者

対象領域	対象事業者	適　用
ターミナル内（ガントリークレーン，RTG，ヤード内トラックヘッド，オンドック CFS など）	ターミナル借受事業者	ターミナルオペレーター
CFS（オフドック）	借受事業者	フォワーダーなど
入港船舶	船会社	内航海運／外航海運
背後圏輸送	トラック会社／荷主	

3.3　港湾における CO_2 発生源

港湾における CO_2 の削減のためには，まずその発生源を特定し，事業者からその発生量の報告を義務付ける。CO_2 削減計画・目標を設定し，提出しなければならない。各事業年度終了時にはその計画・目標の達成度を評価し，達成度を数値で確認・報告することが求められる。

コンテナターミナルオペレーターへは以下のような協力が求められる。

・CO_2 発生源ごとの CO_2 発生量の報告

・次年度に向けての CO_2 削減計画（目標数値設定）（毎年）

・期初の CO_2 削減計画の評価（毎年）

コンテナターミナルを例にとれば，CO_2 の発生源は以下のようなものがあげられる[*2]。

①　ガントリークレーン（STS）	⑥　管理棟
②　荷役機器（RTG・ストラドルキャリア・スタッカークレーンなど）	⑦　ヤード内照明
③　ヤード内トラックヘッド・AGV	⑧　その他
④　冷凍コンテナ（リーファー）プラグ	＊停泊船舶
⑤　CFS	＊外部トラック

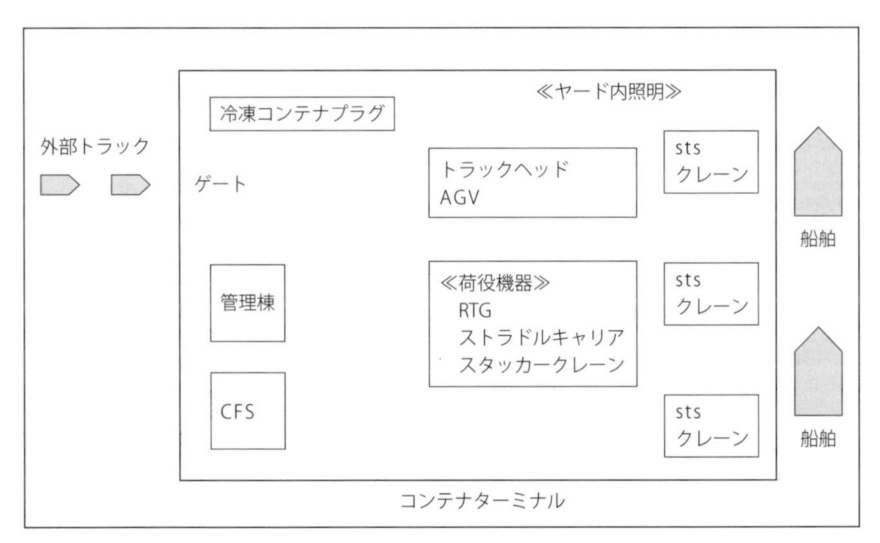

図3-1　コンテナターミナルにおける CO_2 発生源

＊2　STSや一部RTG，AGVは燃料にすでに電気を使用。管理棟やヤード内照明も電気を使用。

港湾における温室効果ガス排出量は，国土交通省調査（2019 年データ）によれば約 900 万 t-CO_2／年であり，そのうちの背後圏輸送が 36.1%，停泊中船舶によるものが 30.4%で，全体の 66.5%を占めている。ターミナル内で発生するのは荷役機械 16.8%，管理棟 7.3%，リーファーコンテナ 0.8%など約 25%である。このことからも，港湾の GHG 排出量削減のためには背後圏輸送と停泊中船舶を削減対象に含めることが重要である。

表 3-4　温室効果ガス排出量の試算結果

排出源	排出量（万 t-CO_2／年）	割合（%）
背後圏輸送（コンテナ，バルク）	324	36.1%
停泊中船舶（内外航船）	273	30.4%
荷役機械	151	16.8%
海面埋立から発生するメタン	71	7.9%
管理棟	66	7.3%
リーファーコンテナ	7	0.8%
燃料の燃焼から発生する N_2O	4	0.4%
渋滞（ゲート待ち車両）	2.5	0.3%
合　計	898.5	100.0%

出所：国土交通省資料（2019 年データ）

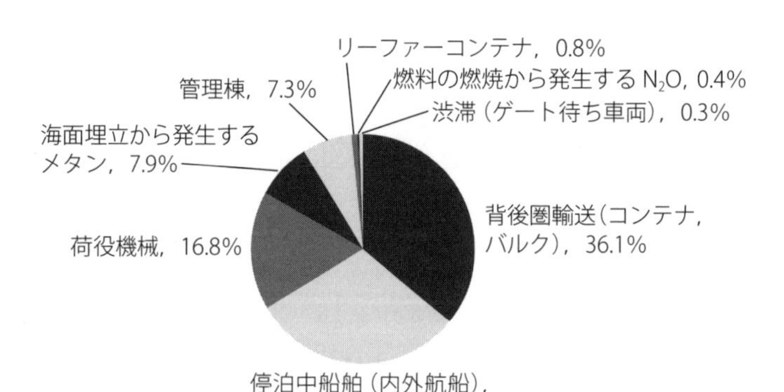

出所：国土交通省資料（2019 年データ）

図 3-2　温室効果ガス排出量の試算結果

3.4 コンテナターミナルにおける CO_2 削減への取り組みの現状

多くの港湾が環境問題（主として CO_2 削減）に取り組むのは，これからである。現時点で環境問題に積極的に取り組んでいる例としては，ロサンゼルス港・ロングビーチ港の停泊船舶への陸上電力の供給（p.46 ～ 49，第 2 章「2.3.2 (4) ① 米国（カリフォルニア州）」参照）とハンブルク港 HHLA の「クライメート・ニュートラル（実質排出ゼロ）」の認証取得の 2 つが挙げられる。また，中国は共産党主導で港湾の環境問題に取り組む方針を出している。

以下に，ドイツ，ベルギー，中国における環境への取り組み事例の概略をまとめた。

＜ドイツ：ハンブルク港＞

グリーン・マーケティングを生かした戦略に取り組んでいるターミナルとして，ハンブルク港の HHLA（欧州の大手港湾物流会社）が例として挙げられる。HHLA は，ハンブルク港で自社の運営するアルテンベルダー・ターミナルが世界で唯一「クライメート・ニュートラル（実質排出ゼロ）」のターミナルとして認証機関の TÜV NORD から認証を受けた。主要荷役機器が使用する電力が完全に環境負荷ゼロで発電されたものであるほか，リチウムイオンバッテリーなどを多く活用している。同ターミナルは，世界のコンテナターミナルのなかでは唯一の環境負荷ゼロのターミナルで，本船荷役のガントリークレーン 14 基に加え，ヤード内に設置された 52 基の荷役クレーン，オンドックレール荷役用の 4 基の RTG（レールマウント式クレーン）の使用する電力のすべてが，環境負荷の無い電力として賄われている。ヤードと岸壁間でコンテナを横持ちする 95 基の AGV については，すべてリチウムイオン電池で駆動している。

HHLA は，2030 年までに 2018 年比で二酸化炭素排出量を半減させ，2040 年までにグループ全体で「クライメート・ニュートラル」の達成を目標としている。

＜ベルギー：アントワープ港・ゼーブルージュ港＞

ベルギーのアントワープ市とブルージュ市は，2021 年 2 月アントワープ港とゼーブルージュ港の統合に合意したと発表し，統合後は，グリーン水素の輸入ハブ機能やCCUS（二酸化炭素回収・貯留）の可能性など低炭素化への取り組みを加速，強化するとしている。

<中国>

中国は2019年の段階で，2050年に世界最先端の港湾形成を目標に掲げている。2025年に主要港湾のエコ化，スマートの実現と規模の拡大，2035年に全体のレベルを上げるとしている。その目標の一つに「環境配慮型の港湾の建設」が入っている。現状は，先端技術の導入（自動化ターミナル）と規模の拡大が中心であり，主要港湾から徐々にその他の港湾に拡大している段階であるようだ。ただし，中央政府は環境にも目を向け始めており，主要港湾に対して停泊中の船舶への陸上電力の供給体制の構築を指示しているようだが，まだ具体的な動きはない。しかしながら，共産党による中央主権体制の中国では，中央政府が本気でやる気になればその動きは早いと考えられる。

3.5　政策の実行とロードマップ

政策の立案・実行にあたって，政策の概念・目的・目標・手段の4つのステップを明確にすることが必要である。

政策概念は，国家による基本的，かつ全体的な考え方である。つまり，国家の繁栄，国民生活の向上などである。政策目的は，個々の政策の目的であり，ここでは，港湾のカーボンニュートラルを実現することにより，港湾がよりクリーンな産業として日本全体のCO_2削減に貢献することであり，その結果として国際競争力を強化し，港湾の更なる発展を促すことを目的とする。

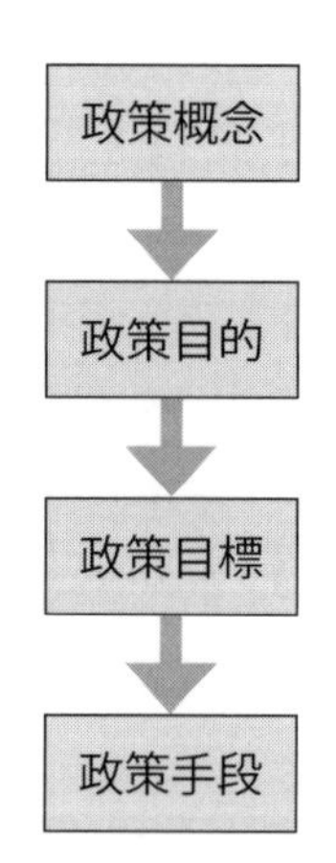

図3-3　政策実現の4段階

政策目的を明らかにしたら次は，その具体的，かつ明確な目標を設定することである。

それをロードマップとして示すことが最もわかりやすい。そして，最後にその政策を達成するための手段を講じなければならない。政策を示し，目標を示すだけでは絵に描いた餅にすぎない。その政策を実行するための手段には2つある。「助成」と「規制」である。現代の日本においては，政府による規制の実行は難しいという側面があるため，助成が有効な手段である。言い換えればインセンティブの付与である。

また，消費者や顧客の目という見えないプレッシャーを利用することも有効な手段と考えられる。いずれにしても，政策当局としては，目的，目標，手段を明確に関係者に示すことが大切である。

政策を提示するにあたっては，政策の対象とその領域を明確に示すことも大事である。そのうえで，その政策によって何が実現されるのかといったグランドデザインを示すことも必要である。

つまり，政策の立案・推進者である政府の役割は，CNPのグランドデザインを描き，その実現までのロードマップを示すことで，政策目的，目標を明らかにする。そしてその達成のための手段としての助成（補助金など）の予算措置や，法律改正などを行うことである。

3.6　各港のCNP実現への取り組み

3.6.1　CNP検討会・協議会の設置によるCNP形成計画作成

国土交通省港湾局は，脱炭素化に配慮した港湾機能の高度化等を通じて，港湾における温室効果ガスの排出を全体としてゼロにする「カーボンニュートラルポート（CNP)」の形成にむけて，2021年（令和3年）1月から3月にかけて，まずは全国6地域において検討会を開催，これらの検討結果を受けて2021年12月にCNP形成計画を作成する際のマニュアル骨子をとりまとめ，公表した。

CNP検討会の開催対象となった6港は，コンテナターミナル，バルクターミナルのうち，多様な産業が集積する6地域の港湾の中から，小名浜港，横浜港・川崎港，新潟港，名古屋港，神戸港，徳山下松港が選ばれた。2021年1

月から 3 月にかけて，各地域で 3 回の検討会が開催された。検討会には，地方整備局，地方運輸局，港湾管理者，地元自治体，民間事業者等が参加した（表 3-2）。

国土交通省による CNP 形成計画作成マニュアルの公表を受けて，全国各港で CNP 形成にむけた検討会が設置され，形成計画の作成が進められている。こうした，検討会や協議会を設置し CNP 形成計画作成を進める港湾は，港湾法改正により，港湾脱炭素化推進協議会として衣替えしたものを含め，77 港湾となっている（2024 年 2 月 8 日時点，図 3-4）。そのなかで，すでに CNP 形成計画あるいは法定の港湾脱炭素化推進計画を発表した港湾は神戸港，東京港，名古屋港，四日市港など 18 港におよんでいる。そのうち博多港，茨城港など 5 港は法定の港湾脱炭素化推進計画である。

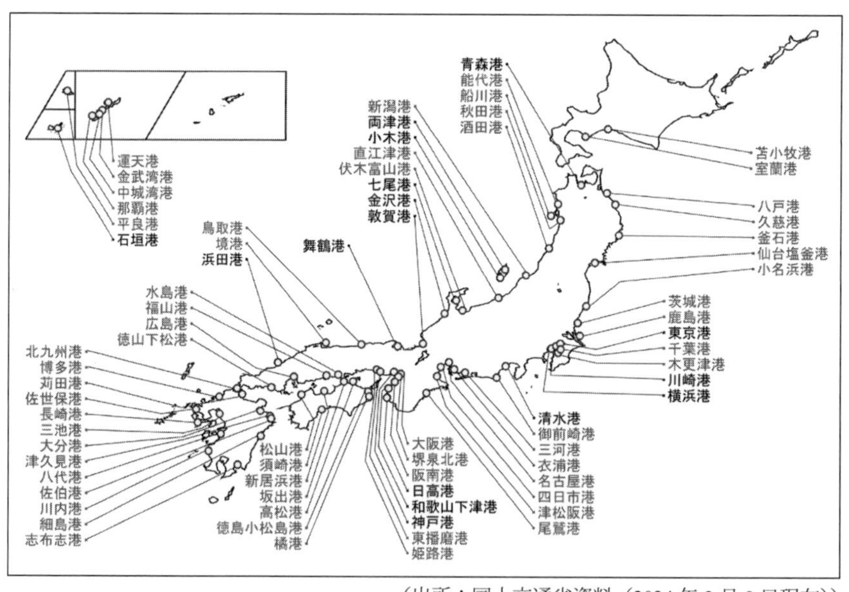

（出所：国土交通省資料（2024 年 2 月 8 日現在））

図 3-4　各港における港湾脱炭素化推進協議会等の設置状況

脱炭素化推進計画の例として，博多港の内容を以下に紹介する。

＜博多港脱炭素化推進計画概要＞

① 港の特徴

・九州の輸出入コンテナの約5割を取り扱い，九州・西日本の生活・活動を支えている。

・九州・アジアの海の玄関口であり，観光・交流拠点を担っている。

② 最近の CO_2 排出量

・約50万t／年（2019年度）

③ 主な取り組み

◇港湾脱炭素化促進事業

・ガントリークレーン低炭素・脱炭素化

・陸電整備の導入

・市所有船舶へのバイオ燃料の導入

◇将来の構想

・車両，船舶の低炭素・脱炭素化

④ CO_2 排出量の目標

・2030年度：約25.3万t（2013年度比50％削減）

・2040年度：実質ゼロ

⑤ 水素・アンモニア需要

◇水素

・拡大する水素需要に応じた供給計画を検討

3.6.2 CNP形成計画

先述のとおり，全国60港において検討会等が設置され，2023年3月までに東京港，横浜港，大阪港，新潟港，茨城港，四日市港，博多港など多くの港湾でCNP形成計画案がまとめられ公表されている。以下に，神戸港と四日市港の公表されたCNP形成計画案の骨子を紹介する。

(1) 神戸港CNP形成計画

神戸港はCNP策定の方針として，「カーボンニュートラルへ向けた取組みを，

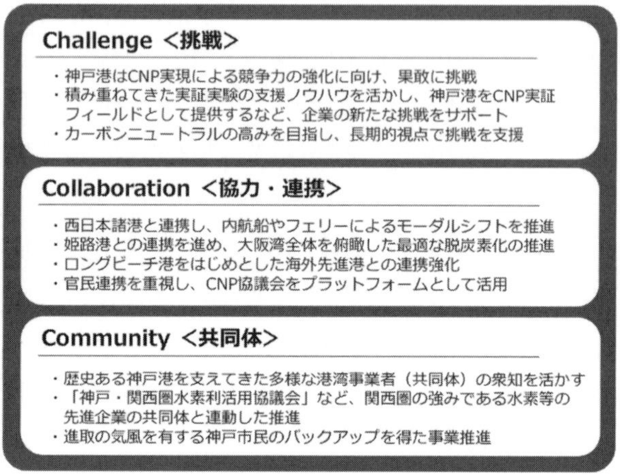

港湾の新たな付加価値であると認識し，他港に先駆けて，GHG 排出ゼロを目指すとともに，水素等の次世代エネルギーの供給インフラを整えることで，「カーボンニュートラルポート（以下，「CNP」という。）」として競争力の強化を図り，ひいては気候変動問題に貢献していく。」としている（神戸港 CNP 形成計画策定の背景・方針から抜粋）。また，神戸港独自のコンセプトとして，3 つの“C” として，Challenge（挑戦），Collaboration（協力・連携），Community（共同体）を挙げている。

Challenge ＜挑戦＞

・神戸港はCNP実現による競争力の強化に向け、果敢に挑戦
・積み重ねてきた実証実験の支援ノウハウを活かし、神戸港をCNP実証フィールドとして提供するなど、企業の新たな挑戦をサポート
・カーボンニュートラルの高みを目指し、長期的視点で挑戦を支援

Collaboration ＜協力・連携＞

・西日本諸港と連携し、内航船やフェリーによるモーダルシフトを推進
・姫路港との連携を進め、大阪湾全体を俯瞰した最適な脱炭素化の推進
・ロングビーチ港をはじめとした海外先進港との連携強化
・官民連携を重視し、CNP協議会をプラットフォームとして活用

Community ＜共同体＞

・歴史ある神戸港を支えてきた多様な港湾事業者（共同体）の衆知を活かす
・「神戸・関西圏水素利活用協議会」など、関西圏の強みである水素等の先進企業の共同体と連動した推進
・進取の気風を有する神戸市民のバックアップを得た事業推進

（出所：神戸市「神戸港 CNP 形成計画」資料）

図 3-5　神戸港の基本コンセプト，3 つの“C”

神戸港 CNP 形成計画は，以下のような項目で構成されている（図 3-6 参照）。

・形成計画策定の背景・方針
・神戸港の特徴
・形成計画における基本的事項
・温室効果ガス排出量の推計
・温室効果ガス削減計画
・水素・アンモニア等供給目標および供給計画
・港湾・産業立地競争力の向上に向けた方策
・ロードマップ

図 3-6　神戸港 CNP 形成計画目次（出所：神戸市「神戸港 CNP 形成計画」資料）

(2) 四日市港 CNP 形成計画

四日市港管理組合は，CNP 形成計画の目的を次のように述べている。「四日市港の港湾区域及び臨港地区はもとより，四日市港を利用する荷主企業や港湾運送事業者，船会社など，民間企業等を含む港湾地域全体を対象とし，水素・燃料アンモニア等の受入環境の整備や，脱炭素化に配慮した港湾機能の高度化，集積する臨海部産業との連携等の具体的な取組について定め，四日市港におけるカーボンニュートラルポート（CNP）の形成の推進を図る」（四日市港管理組合ウェブサイト「四日市港カーボンニュートラルポート（CNP）形成計画」）。

四日市港の CNP 形成計画の構成は以下の通り（図 3-7 参照）。

・形成計画策定の目的
・四日市港の特徴
・形成計画における基本的な事項
・温室効果ガス排出量の推計
・温室効果ガス削減目標および削減計画
・水素・燃料アンモニア等需要ポテンシャル推計および供給計画
・港湾・産業立地競争力の向上に向けた方策
・ロードマップ

神戸港も四日市港もその構成は，国土交通省のマニュアルに沿ったものであるため，ほぼ同様となっている。つまり，①目的・背景，②基本的事項（計画・期間・対象等），③温室効果ガス排出量の推計，④温室効果ガス排出量削減計画，⑤水素・アンモニアの供給目標と計画，⑥競争力向上に向けた方策，⑦ロードマップという項目で構成される。そのなかで，それぞれの港の特徴を織り込む形になっている。ここでは，神戸港と四日市港の 2 港を取り上げたが，公表されている他の港の計画もほぼ同様の形をとっている。

3.6.3 港湾法の改正と CNP 形成

2022 年 11 月 11 日に港湾法の一部改正の法案が成立，同年 12 月 18 日に施行された（令和 4 年法律第 87 号）。その改正の一つが，港湾における脱炭素化推進である。これは，港湾における脱炭素化を強力に推進するため，多岐にわ

図3-7　四日市港CNP形成計画目次（出所：四日市港管理組合ウェブサイト「四日市港カーボンニュートラルポート（CNP）形成計画」）

たる関係者が一丸となって継続的かつ計画的に取り組むための環境を整備することを目指すものである。

それまで各港において設置されていたCNP形成計画策定のための検討会や協議会は，地方自治体や港湾管理者が主体となった任意のものであったが，今回の港湾法の改正を受けて，各港では改正港湾法に基づく公的な検討会・協議会へと衣替えすることになった。2023年4月以降，各港では，すでに作成されたCNP形成計画は新たな検討会・協議会に引き継がれ実行されることになった。

改正港湾法の主な点を以下に記す。

⑴　港湾脱炭素化推進計画の作成（法第50条の2）

港湾管理者は，官民の連携による脱炭素化の促進に資する港湾の効果的な利用の推進を図るための計画（「港湾脱炭素化推進計画」）を作成することができる。

⑵　脱炭素化推進地区（法第50条の5）

港湾管理者が臨港地区の分区内において脱炭素化推進地区を定め，当該地区内における構築物の用途規制を柔軟に設定することができる制度が創設された。

⑶　港湾施設の見直し（法第2条第5項）

港湾施設のうち，船舶役務用施設及び港湾役務提供用移動施設について，船舶に石油系燃料油及び石炭以外の動力源（LNGや水素，アンモニア等）を補油する施設が追加された。

今回の港湾法の改正では，「港湾における脱炭素化の推進」の他に，「パンデミック・災害の際の港湾機能の確実な維持」および「港湾の管理，利用等の効率化と質の向上」がある。この目標・効果は，港湾における水素・燃料アンモニア等の受け入れ拠点形成や港湾地域の脱炭素化による脱炭素社会の実現である。また，その指標として，次の2点が挙げられている。

①　港湾における水素・燃料アンモニア等の取扱貨物量（水素換算）：
2020年（ほぼゼロ）→ 2030年（100万トン）

② 港湾においてコンテナ貨物を取り扱う低炭素化荷役機械（トランスファークレーン，ストラドルキャリア））の導入割合：
2021年度（43%）→2026年（60%）→2030年（75%）

改正港湾法のなかの「港湾における脱炭素化の推進」は，CNPの実現を大きく後押しする。なかでも，港湾管理者（地方自治体）は官民の連携による脱炭素化の取組を定めた港湾脱炭素化推進計画を作成することができると明記されたことで，これまで，港湾管理者（地方自治体）による任意・自発的な検討会・協議会が今後は，法律の定める協議会の設置に衣替えすることになった点が大きい。各港とも，これまでの検討会を2023年4月1日以降，正式に協議会として発足させている。

表3-5　港湾法の一部を改正する法律（令和4年法律第87号）

改正点	改正の概要
港湾における脱炭素化の推進	① 港湾の基本方針への位置付けの明確化等 ・港湾の開発等に関する基本方針に「脱炭素社会の実現に向けて港湾が果たすべき役割」を明記。 ・船舶に水素・燃料アンモニア等の動力源を補給するための施設を追記し，海運分野の脱炭素化を後押し。 ② 港湾における脱炭素化の取り組みに推進 ・港湾管理者（地方自治体）は官民の連携による脱炭素化の取り組みを定めた港湾脱炭素化推進計画を作成。 ・港湾管理者は港湾脱炭素化推進協議会を組織し，計画の作成，実施等を協議。 ・構築物の用途規制を柔軟に設定できる特例等を措置。
パンデミック・災害の際の港湾機能の確実な維持	① 国による港湾管理者を支援する体制の強化 ・感染症等のリスク発生時にも，国による港湾施設の管理代行を可能にする。 ② 民間事業者の活用の推進 ・災害復旧工事等を円滑にするため，国・港湾管理者が委任した者に，港湾工事のための調査時における土地立ち入り権限を付与。
港湾の管理，利用等の効率化と質の向上	① 民間事業者による賑わい創出に資する好況還元型の港湾緑地等の施設整備 ・収益施設（カフェ等）の整備，緑地等のリニューアルを行う民間事業者に対して緑地等の貸付を可能にする認定制度を措置。

（出所：日本港湾協会「港湾」2023年1月号）

国土交通省は，CNP 実現にむけて港湾管理者支援のために，2023 年 3 月に「「港湾脱炭素化推進計画」作成マニュアル」をとりまとめ，公表した[*3]。

本章末に，国土交通省が港湾管理者のために 2021 年 12 月に策定した「CNP 形成計画」（フォーマット）を掲載する。

＊3　下記の国土交通省ウェブページを参照。
https://www.mlit.go.jp/kowan/kowan_tk4_000054.html

●●港 CNP 形成計画

令和●年●月

●●県（●●港港湾管理者）

目次

●●港 CNP 形成計画策定の目的

本計画は、●●港の港湾区域及び臨港地区はもとより、●●港を利用する荷主企業や港運業者、船社、トラック業者等、民間企業等を含む港湾地域全体を対象とし、水素・燃料アンモニア等の大量・安定・安価な輸入・貯蔵等を可能とする受入環境の整備や、脱炭素化に配慮した港湾機能の高度化、集積する臨海部産業との連携等の具体的な取組について定め、●●港におけるカーボンニュートラルポート（CNP）の形成の推進を図るものである。

1．　●●港の特徴

●●港は、●●（所在地）に位置する●●（港格）港湾であり、臨港地区及びその周辺地域において石油コンビナートを形成し、LNG、原油等をはじめ年間約●万トンの化石燃料を輸入し、それらをエネルギー資源として直接又は石油・化学製品・鉄鋼等の基礎素材に加工して国内外に供給するほか、コンテナ貨物による食料、製品等の輸出入・供給拠点にもなっており、●●地域のみならず、我が国全体の経済と国民生活を支えている。

また、●●年には、特定貨物輸入拠点港湾（●●）に指定されており、●●地区●●埠頭において、輸入ばら積み貨物の海上運送の共同化を促進するための具体的な取り組みを進めているところである。

●●港の●●年（令和●年）における全取扱貨物量は、輸出●万トン、輸入●万トン、移出●万トン、移入●万トン、合計●万トンで輸入が約半数を占めている。中でも石炭、原油などのエネルギー関連の貨物は、取扱貨物量全体の約●割を占めている。

特に石炭は、取扱貨物量の●割を占め、●●国や●●国等から輸入され、近隣の沿岸部に立地する化学工業や鉄鋼業、石炭火力発電所等へ供給されている。

2．　●●港 CNP 形成計画における基本的な事項

2－1　CNP 形成に向けた方針

（1）水素・燃料アンモニア等のサプライチェーンの拠点としての受入環境の整備

●●港の臨港地区及びその周辺地域には、火力発電所が多く立地しており、石油コンビナートをはじめとする産業や背後地域の主要な電力供給源となっている。当面、●●地区に立地するバイオマス発電所で使用するバイオマス発電用木材チップの受入環境を整備する。

また、2030 年頃までには、石炭火力発電における燃料アンモニアの混焼が開始することが見込まれるため、●●地区において、製油所跡地を活用した燃料アンモニアの輸入・移入を可能とする受入環境の整備に取り組む。

さらに、その先の LNG 火力発電における水素混焼の開始を見据えた水素の輸入・移入拠点の形成についても検討を行う。

（2）港湾地域の面的・効率的な脱炭素化

●●港のコンテナ貨物の大部分を取り扱う●●コンテナターミナル及び●●コンテナターミナ

ルにおいて、当面、停泊中のコンテナ船への陸上電力供給及び港湾荷役機械の低炭素化・脱炭素化に取り組むとともに、コンテナターミナル内で使用する電力の脱炭素化を図るため、自立型水素等電源の導入を図る。また、技術開発の進展に応じ、当該コンテナターミナルを出入りする車両の水素燃料化に取り組み、当該コンテナターミナルに係るオペレーションの脱炭素化を図る。コンテナターミナルの脱炭素化を通じて、航路・サプライチェーンの脱炭素化に取り組む船社・荷主から選択される港湾を目指し、国際競争力の強化を図る。

加えて、（1）の取組を通じて、火力発電所の脱炭素化に取り組むとともに、●●港において輸入・移入、貯蔵されることとなる燃料アンモニア及び水素を、石油コンビナートにおける熱需要をはじめ、立地産業で共同して大量・安定・安価に調達・利用することにより、地域における面的・効率的な脱炭素化を図る。

２－２　計画期間、目標年次

本計画の計画期間は2050年までとする。また、目標年次は地球温暖化対策計画及び2050年カーボンニュートラル宣言を踏まえ、2030年度及び2050年とする。

また、目標は、「２－１（1）水素・燃料アンモニア等のサプライチェーンの拠点としての受入環境の整備」については水素・燃料アンモニア等の供給量、「２－１（2）港湾地域の面的・効率的な脱炭素化」については温室効果ガス削減量をそれぞれ掲げるものとする（4．及び5．で後述）。

なお、本計画は、政府の温室効果削減目標や脱炭素化に資する技術の進展等を踏まえ、適時適切に見直しを行うものとする。さらに、計画期間や見直し時期については、港湾計画や地球温暖化対策推進法に基づく地方公共団体実行計画等の関連する計画の見直し状況等にも留意した上で対応する。

２－３　対象範囲

CNP形成計画の対象範囲は、港湾管理者等が管理する公共ターミナル（コンテナターミナルやバルクターミナル等）における脱炭素化の取組に加え、公共ターミナルを経由して行われる物流活動（海上輸送、トラック輸送、倉庫等）や港湾（専用ターミナル含む）を利用して生産・発電等を行う臨海部に立地する事業者（発電、鉄鋼、化学工業等）の活動も含めるものとする。また、水素・燃料アンモニア等のサプライチェーンの機能維持に必要な取組についても位置付ける。具体的には、表1及び図1のとおり。

なお、これらのうち、温室効果ガス削減計画等に位置付ける具体的な取組は、●●港CNP協議会を構成する港湾管理者・民間企業等が所有・管理する施設であって、所有・管理者の同意を得た施設における取組とする。

表1　●●港 CNP 形成計画の対象範囲

区分	対象地区	対象施設等	所有・管理者	備考
ターミナル内	●●コンテナターミナル	港湾荷役機械（船舶荷役機械）	●●（港湾管理者）	
		港湾荷役機械（ヤード内荷役機械）	●●（港湾運営会社）	
		管理棟・照明施設・上屋・リーファー電源・その他施設等	●●（港湾運営会社）	
	●●コンテナターミナル	・・・	・・・	
	●●バルクターミナル	港湾荷役機械	●●（港湾運営会社）	
		管理棟・照明施設・ヤード内荷役機械、その他施設等	●●（港湾運営会社）	
出入船舶・車両	●●コンテナターミナル	停泊中の船舶	●●（船社）	
			●●（船社）	
		コンテナ用トラクター、トラック	●●（貨物運送事業者）	
			●●（貨物運送事業者）	
	●●コンテナターミナル	停泊中の船舶	・・・	
		ターミナル外への輸送	・・・	
	●●バルクターミナル	停泊中の船舶	●●（船社）	
			●●（船社）	
		ダンプトラック	●●（貨物運送事業者）	
			●●（貨物運送事業者）	
	その他ターミナル	停泊中の船舶	・・・	
		ターミナル外への輸送	・・・	
ターミナル外	―	火力発電所及び付帯する港湾施設	●●（発電事業者）	臨港地区に立地
	―	冷蔵・冷凍倉庫及び付帯する港湾施設	●●（倉庫事業者）	●●（所在地）に立地
		石油化学工場及び付帯する港湾施設	●●（石油化学事業者）	●●（所在地）に立地
	―	製鉄工場及び付帯する港湾施設	●●（鉄鋼事業者）	●●（所在地）に立地
	―	・・・	・・・	・・・
機能維持に必要な施設	―	●●航路沿いの護岸	●●（発電事業者） ●●（石油化学事業者）	
	―			
	―			

図１　●●港 CNP 形成計画の対象範囲

また、●●港の沖合は、海洋再生可能エネルギー発電設備整備促進区域指定を受けているが、今後、海洋再生可能エネルギー発電設備等拠点港湾（基地港湾）の整備に加えて、余剰電力から製造される水素の海上輸送ネットワークを活用した配送拠点等としての取組についても具体化した段階で、CNP 形成計画に位置付けていく。

その他、港湾工事の脱炭素化や藻場・干潟等のブルーカーボン生態系の造成・再生・保全等、港湾空間を活用した様々な脱炭素化の取組についても、柔軟に CNP 形成計画に位置付けていくこととする。また、内湾の環境改善や養殖を含む水産との連携等の生物多様性に資する取組等についても、CNP に関連する事業として、当該港湾の関係者と協議の上、一体での推進を検討するものとする。

２－４　計画策定及び推進体制、進捗管理

本計画は、●●港 CNP 協議会の意見を踏まえ、●●港の港湾管理者である●●県が策定した。

今後、同協議会を定期的（年１回以上）に開催し、本計画の推進を図るとともに、計画の進捗状況を確認・評価するものとする。また、評価結果や、政府の温室効果ガス削減目標、脱炭素化に資する技術の進展等を踏まえ、●●県は適時適切に計画の見直しを行うものとする。

3.　温室効果ガス排出量の推計

２－３の対象範囲の対象港湾及び周辺地域全体について、エネルギー（燃料、電力）を消費している事業者のエネルギー使用量をアンケートやヒアリング等により調査し、現在（2020年度時点）のエネルギー使用量等についてヒアリングを行い、推計したCO2の排出量は表２のとおり。

表２　CO2排出量の推計（2020年度）

区分	対象地区	対象施設等	所有・管理者	CO2排出量（年間）
ターミナル内	●●コンテナターミナル	港湾荷役機械（船舶荷役機械）	●●（港湾管理者）	約●トン
		港湾荷役機械（ヤード内荷役機械）	●●（港湾運営会社）	約●トン
		管理棟・照明施設・上屋・リーファー電源・その他施設等	●●（港湾運営会社）	約●トン
	●●コンテナターミナル	・・・	・・・	約●トン
	●●バルクターミナル	港湾荷役機械	●●（港湾運営会社）	約●トン
		管理棟・照明施設・ヤード内荷役機械、その他施設等	●●（港湾運営会社）	約●トン
出入船舶・車両	●●コンテナターミナル	停泊中の船舶	●●（船社）	約●トン
			●●（船社）	約●トン
		コンテナ用トラクター、トラック	●●（貨物運送事業者）	約●トン
			●●（貨物運送事業者）	約●トン
	●●コンテナターミナル	停泊中の船舶	・・・	約●トン
		ターミナル外への輸送	・・・	約●トン
	●●バルクターミナル	停泊中の船舶	●●（船社）	約●トン
			●●（船社）	約●トン
		ダンプトラック	●●（貨物運送事業者）	約●トン
			●●（貨物運送事業者）	約●トン
	その他ターミナル	停泊中の船舶	・・・	・・・
		ターミナル外への輸送	・・・	・・・
ターミナル外	―	火力発電所＊	●●（発電事業者）	約●トン
	―	冷蔵・冷凍倉庫	●●（倉庫事業者）	約●トン
	―	石油化学工場	●●（石油化学事業者）	約●トン
	―	製鉄工場	●●（鉄鋼事業者）	約●トン
			・・・	・・・

※火力発電所のCO2排出量は電気・熱配分前の排出量

4.　温室効果ガス削減目標及び削減計画

４－１　温室効果ガス削減目標

本計画における「２－１（２）港湾地域の面的・効率的な脱炭素化」に係る目標は以下のとおりとする。

（1）2030 年度における目標

主として港湾ターミナル内の荷役機械及び管理棟・照明施設並びに港湾ターミナルに出入りする船舶の脱炭素化に取り組み、2013 年度及び現在（2020 年度）に比べ、CO2 排出量をそれぞれ●万トン（●%削減）及び●万トン削減（●%削減）する。

（2）2050 年における目標

本計画の対象範囲全体でのカーボンニュートラルを実現することとし、2013 年度及び現在（2020 年度）に比べ、CO2 排出量をそれぞれ●万トン及び●万トン削減（100%削減）する。

4－2　温室効果ガス削減計画

4－1（1）に掲げた目標を達成するために実施する事業は表 3 に示すとおり。

なお、省エネ・再エネ由来のカーボン・クレジットを活用し、削減量として計上してもよい。

また、4－1（2）に掲げた目標を達成するための温室効果ガス削減計画は、脱炭素化に資する技術の進展等を踏まえ、今後の計画見直しの中で具体的に記載していく。

表 3　2030 年度目標の達成に向けた温室効果ガス削減計画

区分	CO2 排出量(●年度)	対象地区	対象施設等	整備内容	整備主体	数量	整備年度	CO2 削減量	備考
ターミナル内	●トン	●●コンテナターミナル	港湾荷役機械	低炭素型トランスファークレーンの導入	●●社（港運事業者）	●●基	2022 年度～2030 年度	●トン	「港湾におけるカーボンニュートラル支援事業」予定
			管理棟・照明施設	自立型水素等電源の導入	●●社（港湾運営会社）	●●ユニット	2022 年度～2030 年度	●トン	
		●●コンテナターミナル	港湾荷役機械	低炭素型トランスファークレーンの導入（●年度にディーゼルエンジンを水素燃料電池に換装予定）	●●社（港運事業者）	●●基	2022 年度～2030 年度	●トン	「港湾におけるカーボンニュートラル支援事業」予定
			管理棟・照明施設	自立型水素等電源の導入	●●社（港湾運営会社）	●●ユニット	2022 年度～2030 年度	●トン	
	●トン	●●バルクターミナル	管理棟・照明施設	太陽光発電・自立型水素等電源の導入	●●社（港湾運営会社）	●●ユニット	2022 年度～2030 年度	●トン	

出入船舶・車両	●トン	●●コンテナターミナル	停泊中の船舶	陸上電力供給	●●社（船社）	●隻	2022年度～2030年度	●トン	船舶側受電設備の設置
					国	1式	2022年度～2023年度		バース改良
ターミナル外	●トン		火力発電所	燃料アンモニア混焼	K社（電力会社）	●●基 混焼率 ●●%	2020年後半	●トン	電気・熱配分前
			バイオマス発電所	バイオマス発電	M社（電力会社）	●●基 専焼	2025年度	―	新設
			低温倉庫	LNG冷熱利用、太陽光発電	L社（倉庫事業者）	●●棟	2020年後半	●トン	
港湾区域内	●トン	●●地区護岸等	藻場・干潟整備	ブルーカーボン生態系による CO2 吸収（、環境改善※1）	港湾管理者、●●社（民間事業者）	●●ha	2022年度～2026年度	●トン（吸収量）	新設、改良
カーボン・クレジットの活用							2030年度	●トン	省エネ由来J-クレジットの活用※2

※1：生物多様性に資する取組（環境改善、養殖を含む水産との連携）等についても、CNPに関連する事業として、当該港湾の関係者と協議の上、整備内容に記載することができる。
※2：省エネ・再エネ由来のカーボン・クレジットを活用した場合には、削減欄に記入することとするが、実際の排出量と区別できるように記載をする。

5.　水素・燃料アンモニア等供給目標及び供給計画

（1）　需要推計・供給目標

本計画における「2－1（1）水素・燃料アンモニア等のサプライチェーンの拠点としての受入環境の整備」に係る目標は、以下の①、②の需要推計に基づく水素・燃料アンモニア等の需要量に対応した供給量とする。液化アンモニアは燃料アンモニアとして直接燃焼する場合と、脱水素施設により水素を取り出す水素キャリアとして利用する場合があるが、当港では全量を、前者の燃料アンモニアとして使用する計画とした。

① 4．の「表3　2030年度目標の実現に向けた温室効果ガス削減計画」に対応した水素・燃料アンモニア等需要量

表4　水素・燃料アンモニア等需要量

対象地区	対象施設等	数量	水素等需要量（年間）
●●コンテナターミナル	港湾荷役機械 ・トランスファークレーン	●基	水素　約●トン

	管理棟・照明施設 ・自立型水素等電源	●ユニット	水素　約●トン
●●バルク ターミナル	管理棟・照明施設 ・自立型水素等電源	●ユニット	水素　約●トン
―	火力発電所 ・燃料アンモニア混焼	●基、混焼率 ●%	燃料アンモニア　約● トン
―	バイオマス発電所 ・バイオマス専焼	●基、専焼	木材チップ　約●トン

② その他の水素・燃料アンモニア等（CNP 形成計画対象外の取組等で必要となり、●●港を経由する水素・燃料アンモニア等）需要量

表5　●●港における水素・燃料アンモニア等需要量

需要地	需要施設等	水素等需要量 （年間）
●●（場所）	●●	約●トン
	●●	約●トン
●●（場所）	●●	約●トン
	●●	約●トン

（2）　海上輸送・陸上輸送の分担割合

本港にて想定される液化水素・燃料アンモニア等の海上輸送及び陸上輸送の割合は表6のとおり。

表6　液化水素・燃料アンモニア等の海上輸送及び陸上輸送の割合

		液化水素	燃料アンモニア	MCH
海上輸送	輸入	●%	●%	●%
	移入	●%	●%	●%
陸上輸送	港湾内	●%	●%	●%
	港湾外	●%	●%	●%
合　　計		●%	●%	●%

（3）　水素・燃料アンモニア等に係る供給施設整備計画（輸入受入港・国内2次輸送受入港）

上記（1）の供給目標を実現するための供給施設整備計画は表7のとおり。

表７　供給施設整備計画

区分	CO2 排出量(●年度)	対象地区	対象施設等	整備内容（規模）	整備主体	数量	整備年度	備考
ターミナル内	●トン	●●バルクターミナル	岸壁	水深（-●m）延長●m	国	1バース	2021 年度～2024 年度	木材チップ
			埠頭用地	●ha	●●県	1式	2022 年度～2030 年度	木材チップ
			水素貯蔵施設	●ha	●●県	1式	2022 年度～2030 年度	荷役機械用水素 ST

（４）　水素・燃料アンモニア等のサプライチェーンの強靱化に関する計画（輸入受入港・国内２次輸送受入港）

水素・燃料アンモニア等のサプライチェーンを維持する観点から、切迫する大規模地震・津波、激甚化・頻発化する高潮・高波・暴風などの自然災害及び港湾施設等の老朽化への対策を行う必要がある。このため、上記（３）の水素・燃料アンモニア等に係る供給施設を構成する岸壁、物揚場、桟橋及びこれに付随する護岸並びに当該施設に至る水域施設沿いの護岸、岸壁、物揚場（表８）について、耐震対策や護岸等の嵩上げ、適切な老朽化対策を行う。また、危機的事象が発生した場合の対応について港湾ＢＣＰへの明記を行う。

表８　水素・燃料アンモニア等サプライチェーンの強靱化に関する計画

区分	対象施設等	整備内容等	整備主体	数量	整備年度	備考
水素・燃料アンモニア等供給施設	●●岸壁	耐震照査	●●社	1式	2022 年度～2022 年度	
	○○岸壁	耐震改良	●●社	延長●●m	2022 年度～2030 年度	
	○○岸壁	老朽化対策	■■県	延長●●m	2022 年度～2030 年度	
	○○護岸	嵩上げ	○○社	延長●●m	2022 年度～2030 年度	市街地の防護にも資する。
当該施設に至る水域施設沿いの護岸等	●●護岸	耐震改良	●●社	延長●●m	2022 年度～2025 年度	
	●●岸壁	耐震照査	●●社	延長●●m	2022 年度～2025 年度	
	●●護岸	嵩上げ	●●社	延長●●m	2022 年度～2025 年度	
貯蔵施設	液化水素タンク		●県	●基	2022 年度～2030 年度	荷役機械用水素 ST

（５）　港湾における貯蔵施設の整備計画（陸上輸送のみで水素キャリアを受け入れる港湾）

表９　貯蔵施設整備計画

区分	CO2 排出量(●年度)	対象地区	対象施設等	整備内容（規模）	整備主体	数量	整備年度	備考
ターミナル内	●トン	●●バルクターミナル	水素貯蔵施設	●ha	●●県	1式	2022年度～2030年度	荷役機械用水素 ST

表10　水素・燃料アンモニア等サプライチェーンの強靱化に関する計画

区分	対象施設等	整備内容等	整備主体	数量	整備年度	備考
貯蔵施設	液化水素タンク		●県	●基	2022年度～2030年度	荷役機械用水素 ST

６．　港湾・産業立地競争力の向上に向けた方策

●●港においては、世界に先駆けて AGV を導入するなど、物流における省エネ化等を進めてきた。今後、CNP の形成にも積極的に取り組む。

具体的には、建設中のバイオマス発電所にバイオマス専焼や、既存の石炭火力発電所への燃料アンモニア混焼等によるエネルギー分野の脱炭素化の取組を可能とする港湾インフラの整備を着実に進める。

また、停泊中の船舶への陸上電力供給設備の導入により、国際航路の脱炭素化に必要となる環境を整備する。さらに、●●港 CNP 協議会を定期的に開催し、液化水素、液化アンモニア、MCH などの輸送・貯蔵・利活用に係る実証事業の積極的な誘致、水素・燃料アンモニア等実装に向けた課題の抽出・対応の検討等を実施する。

これら一連の取組を通じて、SDGs や ESG 投資に関心の高い荷主・船社の寄港を誘致し、国際競争力の強化を図るとともに、港湾の利便性向上を通じて、産業立地や投資を呼び込む港湾を目指す。

7．　ロードマップ

（1）　水素・燃料アンモニア等のサプライチェーンの拠点としての受入環境の整備

表11　●●港　水素・燃料アンモニア等受入施設整備計画

地区	対象施設	2022	2023	2024	2025	2026	2027	2028	2029	2030	～	2050
●●地区	岸壁	既存施設の転用										
		F/S 調査			新規整備							
●●地区	貯蔵タンク	実証			既存施設の転用							
						F/S 調査			新規整備			
	パイプライン			実証		F/S 調査		新規整備				

（2）　港湾地域の面的・効率的な脱炭素化

表12　●●港　脱炭素化施設整備計画

地区	対象施設	2022	2023	2024	2025	2026	2027	2028	2029	2030	～	2050
●●ターミナル	陸上電力供給	実証			新規整備							
	RTG			実証		本格的な導入						
	管理棟	実証		本格的な導入								
	照明	実証		本格的な導入								
	自立型水素電源	実証		F/S 調査			本格的な導入					

参考　将来の水素・燃料アンモニア等の需要推計・供給計画

2050 年カーボンニュートラルの実現に向け、CNP 形成計画の対象範囲となる様々な産業において脱炭素化の取組が進展した場合の水素・燃料アンモニア等の需要推計・供給計画は以下のとおり。

（1）　需要推計

①　ターミナル内の水素需要量

【条件】自立型水素等電源の導入：●●%導入、荷役機械の FC 化：100%導入
商用電力の水素・燃料アンモニア由来比率：●●%導入

表 13　●●港におけるターミナル内の水素需要量

対象地区	対象施設等	CO2 排出量（年間）	水素需要量（年間）
●●コンテナターミナル	港湾荷役機械		
	・ガントリークレーン	約●トン	約●トン
	・トランスファークレーン	約●トン	約●トン
	・その他荷役機械	約●トン	約●トン
	管理棟・リーファー電源		
	・上屋・管理棟・メンテナンス棟	約●トン	約●トン
	・CY 照明	約●トン	約●トン
	・リーファー電源	約●トン	約●トン
●●コンテナターミナル	港湾荷役機械		
	・ガントリークレーン	約●トン	約●トン
	・トランスファークレーン	約●トン	約●トン
	・その他荷役機械	約●トン	約●トン
	管理棟・リーファー電源		
	・上屋・管理棟・メンテナンス棟	約●トン	約●トン
	・CY 照明	約●トン	約●トン
	・リーファー電源	約●トン	約●トン
●●バルクターミナル	港湾荷役機械		
	・アンローダ・ベルトコンベヤー	約●トン	約●トン
	・その他荷役機械	約●トン	約●トン
	管理棟	約●トン	約●トン
		ターミナル内合計	約●トン

② 出入船舶・車両の水素需要量

【条件】陸電設備の自立型水素電源比率：●●%、CT 出入トラクターの FC 化：100%
水素キャリア：液化水素のみ

表 14　●●港における出入船舶・車両の水素需要量

対象地区	対象施設等	CO_2 排出量（年間）	水素需要量（年間）
●●コンテナターミナル	陸上電力供給設備	約●トン	約●トン
	CT 出入トラクター	約●トン	約●トン
●●コンテナターミナル	陸上電力供給設備	約●トン	約●トン
	CT 出入トラクター	約●トン	約●トン
●●バルクターミナル	陸上電力供給設備	約●トン	約●トン
	CT 出入ダンプトラック	約●トン	約●トン
		出入船舶・車両合計	約●トン

③ ターミナル外の水素・燃料アンモニア等需要量

i.　倉庫、石油化学工場（その他港湾・臨海部に立地する倉庫・工場）

表 15　倉庫、石油化学工場における水素・燃料アンモニア等需要量

対象地区	対象施設等（関係事業者）	CO_2 排出量（年間）	水素需要量（年間）	燃料アンモニア（年間）	MCH 需要量（年間）
ターミナル外（港湾・臨海部に立地する倉庫・工場）	倉庫				
	・定温倉庫	約●トン	約●トン	-	-
	・普通倉庫	約●トン	約●トン	-	-
	石油化学工場	約●トン	約●トン	約●トン	約●トン
	製鉄工場	約●トン	約●トン	約●トン	約●トン
		ターミナル外合計	約●トン	約●トン	約●トン

ii.　火力発電所（港湾・臨海部に立地する発電所）

【条件】混焼比率、混焼号機比率により複数のシナリオを検討
各社の 2030 年代前半の需要量として適当なシナリオをそれぞれ 1 つ選択した

表 16　火力発電所における水素・燃料アンモニア等需要量

使用燃料	対象地区／導入比率	シナリオ				
液化水素	火力発電所（K 社）	シナリオ 1	シナリオ 2	シナリオ 3	シナリオ 4	シナリオ 5
	混焼率	●●%	●●%	●●%	●●%	100%
	混焼号機／全号機	●●%	●●%	●●%	●●%	100%
	年間需要量	約●トン	約●トン	約●トン	約●トン	約●トン

燃料 アンモニア	火力発電所（D社）	シナリオ1	シナリオ2	シナリオ3	シナリオ4	シナリオ5
	混焼率	●●%	●●%	●●%	●●%	100%
	混焼号機／全号機	●●%	●●%	●●%	●●%	100%
	年間需要量	約●トン	約●トン	約●トン	約●トン	約●トン

④　●●港における水素・燃料アンモニア等需要量

【条件】③で整理した火力発電所における液化水素需要量はシナリオ2、燃料アンモニア需要量はシナリオ4とした。

表17　●●港における水素・燃料アンモニア等需要量

	液化水素	燃料アンモニア	MCH
①　ターミナル内	約●トン	─	─
②　出入船舶・車両	約●トン	─	─
③　ⅰターミナル外 倉庫・工場	約●トン	約●トン	約●トン
③　ⅱ　ターミナル外 火力発電所	約●トン	約●トン	─
年間需要量	約●トン	約●トン	約●トン

（2）　水素・燃料アンモニア等に係る供給施設整備計画

①　海上輸送・陸上輸送の分担割合

表18　●●港における水素・燃料アンモニア等の海上輸送・陸上輸送の分担割合

	液化水素	アンモニア	MCH
海上輸送	●%	●%	●%
陸上輸送	●%	●%	●%

②　岸壁（輸入受入港・国内2次輸送受入港）

【条件】現状：現在～2030年の実証船・既存船、将来：2030-2050年最大船型（計画中）各諸元は本マニュアルを参照し、液化水素・燃料アンモニア等需要量は（1）④を基にした。

表19　水素・燃料アンモニア等輸送船の船型と必要岸壁規模

水素キャリア	液化水素		アンモニア		有機ハイドライド（MCH）	
	現状	将来	現状	将来	現状	将来
総トン	8,000トン	130,000トン	26,000トン	―	10,000トン	115,000トン
全長	116m	314m	170m	230m	136m	246m
型幅	19m	48.9m	30m	36.6m	19.7m	43.5m

満載喫水	4.5m	13.1m	10m	12m	10	12m
積載槽容量	1,250 ㎥	160,000 ㎥	35,000 ㎥	87,000 ㎥	13,000 ㎥	—㎥
必要岸壁延長	149m	399m	221m	292m	170m	320m
必要岸壁水深	5.0m	14.5m	11.0m	13.2m	11.0m	13.2m
年間需要量	約●トン	約●トン	約●トン	約●トン	約●トン	●回
年間寄港回数	●回	●回	●回	●回	●回	—回
必要岸壁数	●バース	●バース	●バース	●バース	●バース	●バース

必要岸壁延長は係船索と岸壁の角度が 30° で計算、延長必要水深は喫水×1.1（余裕水深）で計算

③　タンク

【条件】30 日分の供給量ストックがある状態で、一寄港当たり輸送量を全量貯蔵できる貯蔵能力を想定し、必要な離隔・付属施設（水素化施設等）を勘案し、便宜的にタンク直径の約 1.5 倍を一辺とする正方形を必要面積として計算した。なお、水素需要量は（1）④のシナリオ●を想定した。

表 20　液化水素・燃料アンモニア等需要量と必要貯蔵施設規模

	液化水素			アンモニア			MCH（参考：石油タンク）		
容量	2,500m3	10,000m3	50,000m3	15,000t	33,000t	50,000t*	50,000kL	100,000kL	160,000kL
直径	19m	30m	59m	40m	55m	60m	58m	82m	100m
1 基当たり必要面積	約 400 ㎡	約 900 ㎡	約 3,600 ㎡	約 1,600 ㎡	約 3,000 ㎡	約 3,600 ㎡	約 3,600 ㎡	約 6,400 ㎡	約 10,000 ㎡
年間需要量	約●トン	約●トン	約●トン	約●トン	約●トン	約●トン	約●トン	約●トン	約●トン
合計必要基数	●基	●基	●基	●基	●基	●基	●基	●基	●基
合計必要面積	約●㎡	約●㎡	約●㎡	約●㎡	約●㎡	約●㎡	約●㎡	約●㎡	約●㎡

④　パイプライン

パイプラインの整備は取扱量の規模に応じ管径を、岸壁・タンク・需要家施設の位置関係をふまえ管路の検討を行う。水素ガス管は臨港道路への埋設、河川・運河を横断する際は既設橋への添架、専用橋整備を想定する。液化水素、有機ハイドライドについては、貯蔵施設にて気化・脱水素処理を行い、水素（気体）を精製したうえで送管する。

（3）　水素・燃料アンモニア等のサプライチェーンの強靱化に関する計画

水素・燃料アンモニア等のサプライチェーンを維持する観点から、切迫する大規模地震・津波、激甚化・頻発化する高潮・高波・暴風などの自然災害及び港湾施設等の老朽化への対策を行う必要がある。このため、上記（2）の水素・燃料アンモニア等に係る供給施設を構成する岸壁、物揚場、桟橋及びこれに付随する護岸並びに当該施設に至る水域施設沿いの護

岸、岸壁、物揚場（表21）について、耐震対策や護岸等の嵩上げ、適切な老朽化対策を行う。
また、危機的事象が発生した場合の対応について港湾ＢＣＰへの明記を行う。

表21　水素・燃料アンモニア等サプライチェーンの強靱化に関する計画

区分	対象施設等	整備内容等	整備主体	数量	整備年度	備考
水素・燃料アンモニア等供給施設	●●岸壁	耐震照査	●●社	１式	2022年度～2022年度	
	○○岸壁	耐震改良	●●社	延長●●m	2022年度～2030年度	
	○○岸壁	老朽化対策	■■県	延長●●m	2022年度～2030年度	
	○○護岸	嵩上げ	○○社	延長●●m	2022年度～2030年度	市街地の防護にも資する。
当該施設に至る水域施設沿いの護岸等	●●護岸	耐震改良	●●社	延長●●m	2022年度～2025年度	
	●●岸壁	耐震照査	●●社	延長●●m	2022年度～2025年度	
	●●護岸	嵩上げ	●●社	延長●●m	2022年度～2025年度	

（4）　港湾における貯蔵施設の整備計画（陸上輸送のみで水素キャリアを受け入れる港湾）

表22　貯蔵施設整備計画

区分	CO2排出量(●年度)	対象地区	対象施設等	整備内容（規模）	整備主体	数量	整備年度	備考
ターミナル内	●トン	●●バルクターミナル	水素貯蔵施設	●ha	●●県	1式	2022年度～2030年度	荷役機械用水素ST

表23　水素・燃料アンモニア等サプライチェーンの強靱化に関する計画

区分	対象施設等	整備内容等	整備主体	数量	整備年度	備考
貯蔵施設	液化水素タンク		●県	●基	2022年度～2030年度	荷役機械用水素ST

第4章　CNP認証制度

2023年3月30日，国土交通省港湾局は，港湾のターミナルにおける脱炭素化の取り組みを評価する制度案（「CNP認証（コンテナターミナル）」）を取りまとめ，公表した。2023年度に試行・修正のうえ，2024年度からの本格運用を目指す。本制度の目的は，「我が国の港湾が荷主，船社等から選ばれ，ESG投資を呼び込む，競争力のある港湾」（国土交通省ウェブサイトから引用）を目指すものである。

本章では「CNP認証（コンテナターミナル）」について解説するが，それは章の後半に，前半では，なぜ認証制度が必要なのか，認証制度の役割や意味は何なのかといった疑問を最初に払拭するため，認証制度の役割や意味について解説する。

4.1　標準化の重要性，標準化競争の時代

4.1.1　国際標準化の意味と重要性

スポーツだけでなく，経済・社会のあらゆる分野においてルールは，それを決めた者が有利であることは間違いない。ルールは，言い換えれば標準化・規格化である。「標準化競争を制したものが市場を制する」といっても過言ではない。国際標準である国際規格は，国際標準化機構（International Organization for Standardization：ISO）によって制定されている。歴史的に，ISOを主導してきたのは欧州である。日本は，国際規格であるISO規格との整合性のために多くの努力を払わなければならなかった。一方で，製造業においては，標準化をうまく取り込むことで成長してきた面も否定できない。

近年，中国が国家戦略として国際標準化に力を入れている。ISO での中国の台頭が目立っており，ISO などの国際的枠組みのなかでの国際標準化競争が激化している。また，国際標準化の内容が “モノ・技術” から “サービス・システム” へ変化している。

従来，標準化は製品，つまり “モノの規格” が中心であったが，その対象はサービスや社会システムの標準化へと変化している。日本は，工業とその製品に関しては標準化を活用することで効率的な生産体制を確立し，世界の市場を席捲していった。しかし今日，すべての産業がサービス化するといわれるように，産業・社会が変化している。日本は，サービス分野の生産性がとりわけ低く，同時にこの分野における ISO の活動への関与も低い。サービス分野への国際標準化についても欧州が先行している。国際標準化への取り組み，具体的には ISO の規格化に積極的に関与すること，言い換えればサービス分野における国際的「ルール作り」に取り組むことが，日本の産業・社会の生産性を向上させ，国際競争力を強化することにつながる。

あらゆる市場が国際化するなかで，日本企業も国際市場のなかでの競争が強いられる。自国のサービスやシステムを国際標準にすることができれば，その国の企業にとって非常に有利である。自国の企業の海外市場での競争上，国際標準化において主導権をとることが重要である。

今日，SDGs や ESG 投資という言葉を見たり聞いたりしない日はない。こうした状況からわかるように，社会や企業の価値観が大きく変わりつつある。とくに，Z 世代といわれる若い世代にこの傾向が強い。モノを買うときに，その商品が環境にやさしいかどうかや，就職先を選ぶ際に，その企業が環境や人権にどのように向き合っているかといった点を重視する。NPO などへの就職を希望する学生が増えているのも，その表れである。このように，価値観の変化が消費行動や就職先の選択に影響する。消費者を含め社会の企業に対する評価基準が大きく変わっている。つまり，これまで企業が重視してきた経済性や効率性だけでなく，人権や環境への対応が消費行動や就職する際の企業選択基準として重要と考えられるようになった。企業は，こうした点，つまり環境や人権に配慮した経営を行っていることを消費者や社会に広く知ってもらう必要がある。その手段には，ウェブサイトやCM，またSNSなどがあるが，簡単かつ客観的なのが，認証制度による第三者からの認証である。ISO9000やISO14000を名刺に記載する企業は，今や当たり前になっている。つまり，標準化と認証制度は表裏一体をなすものである。

先に述べた通り，今日，国際標準化の重点はサービス・システムに移行しており，新技術開発とその利用による社会の変化を背景に，環境や人権に並び，物流・運輸分野のISOの技術委員会（TC），たとえばスマート物流やシェアリングエコノミーなどが多数立ち上がっており，今後さらに増えると考えられる。

残念ながら日本は，国際標準化への取り組みだけでなく，そうした国際標準を認証する認証機関への関与やその人材面においても，欧州に比べ劣後しているのが現状である。

近年，政府は日本発のシステムの輸出を奨励している。本章4.1.4（1）で取り上げた，国土交通省による「コールドチェーン物流」はその具体例である。またこれまで，港湾のODAなどでも技術の協力が中心だったが，港湾インフラをシステムとして技術協力，あるいは輸出していく方針を明らかにしている。現在，国土交通省港湾局で進めているカーボンニュートラルポート（CNP）も，海外展開を視野に入れている。

国際競争の視点から，今後ますます国際標準化競争が激化するなかで，日本として，国際標準化への対応と同時に，認証機関への関与とその人材育成が喫緊の課題である。

4.1.2　国際標準化競争の時代

(1)　国際標準化競争の激化と中国の参戦

国際標準化では，これまで欧州が主導してきた。近年，中国の国際標準化や特許を通じて経済覇権を目指す戦略が明らかである。中国は，国内で独自の中国標準を採用することで中国市場への海外技術による進出を阻止してきたが，「国際標準化（規格化）」へ大きく戦略転換した。これに「特許」戦略を合わせて「中国製造 2025」[*1] を支えている。国際標準化機構（ISO）に中国は，資金も人材も投入して積極的に標準化に取り組んでいる。2014 年から 2020 年までの ISO の新規技術委員会（TC）提案件数は，中国単独が 16 件，2 位のフランスの 6 件を大きく上回り，全体の約 4 分の 1 を占める。日本は，わずか 2 件である。特許の出願件数も中国の戦略を裏付ける。2019 年の主要国の特許出願件数は，1 位：中国 133 万件，2 位：米国 52 万件，3 位：日本 45 万件，4 位：韓国 25 万件，5 位：ドイツ 18 万件であり，特許でも中国が抜きん出ている（図 4-1）。国際標準化競争に中国が参戦し，欧州と中国の主導権争いの様相を呈している。

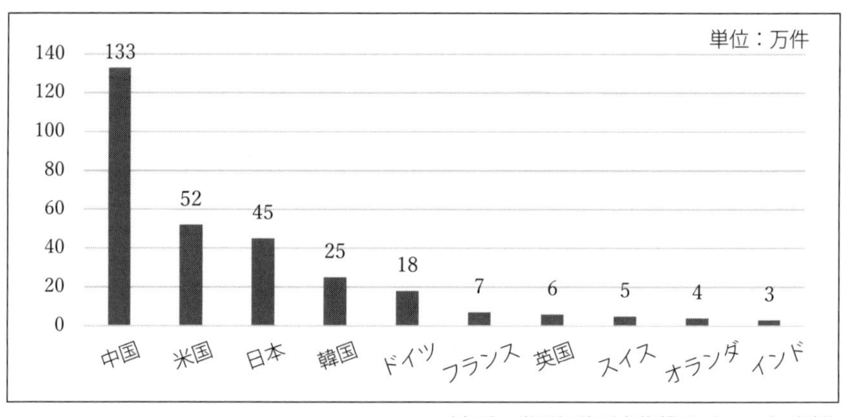

（出所：世界知的所有権機関（WIPO）資料）

図 4-1　主要国の特許出願件数（上位 10 カ国）（2019 年）

[*1] 中国の習近平（シー・ジンピン）政権が 2015 年 5 月に発表した産業政策。中国を「世界の製造強国」として確固たる地位を築くことを目標とする。「5 つの基本方針」と「4 つの基本原則」を掲げ，2049 年までに 3 段階の戦略目標を設けている。第 1 段階：2025 年までに製造強国へ仲間入りを果たす（2021 年：共産党創立 100 周年）。第 2 段階：2035 年までに製造強国の中堅ポジションへ到達する。第 3 段階：2049 年（建国 100 周年）までに製造強国のトップ入りを果たす。

(2)　国際標準化の内容変化

①　国際標準化とISO

ISOは，国家間の製品やサービスの交換を助けるために，標準化活動の発展を促進することおよび，知的，科学的，技術的，そして経済的活動における国家間協力を発展させることを目的に，1947年，18カ国によって発足した。2023年10月時点で，会員数169カ国，日本は1952年に加盟した。

また，国際的な取引をスムーズに行うために国際的な基準を作っており，ISOが制定した規格をISO規格といい，2018年末までに発行した規格は22,467にのぼる[*2]。従来は，製品そのものを対象とした規格「モノ規格」が主流であったが，「品質マネジメントシステム（ISO9001）」や「環境マネジメントシステム（ISO14001）」などで知られている「マネジメントシステム規格」が登場した。近年は，サービスやシェアリングエコノミー，スマートシティなどの社会システムの分野に拡大している（図4-2）。

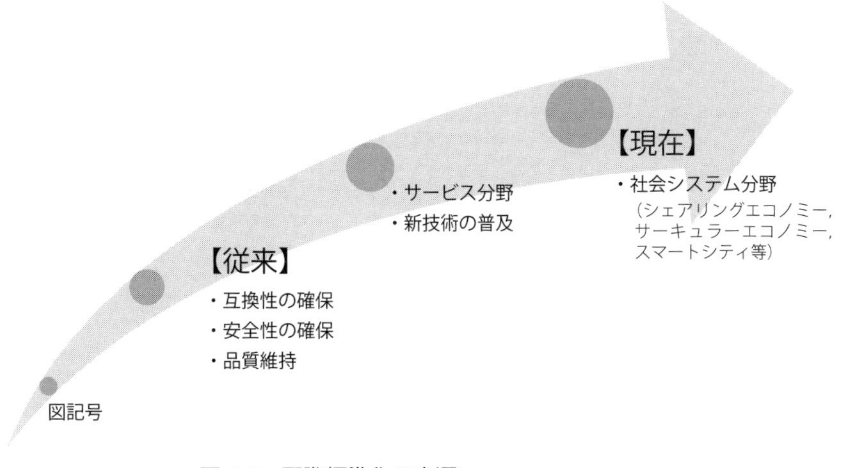

図4-2　国際標準化の変遷
（出典：国土交通省総合政策局資料を基に作成）

＊2　2018年は1,637件，2019年は1,638件。

② ISO 規格化

高岡浩三は,「これからの企業は,業種を問わず多くが『サービス業』となり,サービスによって問題解決していかなければならない時代になる。なぜなら,21 世紀の顧客の問題は,そのほとんどがサービスでしか解決できなくなっているからだ。」と述べている[*3]。

ISO における標準化が製品からサービスへ移り変わっていることは,規格化のために設置された ISO 専門委員会(TC)の内容からも明らかである。日本産業標準調査会(JISC)によれば,2017 年 3 月までに設置された TC は 324,そのうち 62 の TC は業務終了等の理由で解散され,残っている TC は 262 である。そのなかの TC 200 以降の非製品・サービス分野の TC は 50 であり,最近設立された TC の 80%を占める。

4.1.3 物流分野における国際標準化の動向

物流に関する国内規格である JIS 規格を,表 4-1 において一覧にした。なお,ISO 規格または OIML 条約[*4]に対応している規格については,ISO 規格または OIML 条約の番号を併記した。このように,多くの国内規格である JIS 規格があり,そのうちのいくつかは ISO や OIML 条約との整合性が図られているが,そうでない国内規格も数多い。また,新技術の開発により新たな物流・運輸分野のサービスが誕生しつつあり,こうした新サービスの国際規格化も必要になってくる。実際,中国は自国の技術を優先した内容で国際規格化を図ろうとする動きもみられる。新技術の物流・運輸分野への利用では,ブロックチェーン,AI,IoT などが挙げられる。そうした新技術を使った実証実験が,日本だ

---

*3 フィリップ・コトラー,高岡浩三『マーケティングのすゝめ』中央公論新社(2016)。高岡浩三は,元ネスレ日本株式会社代表取締役社長兼 CEO(2011 ~ 2020 年)。

*4 OIML(Convention establishing an International Organization of Legal Metrology 国際法定計量機関を設立するための条約)条約は,加盟国の法定計量規則を整合化することにより,計量器の国際貿易の円滑化を図る目的で,1955 年に 22 カ国の参加を得てフランスのパリで締結された。日本の加盟は 1961 年。2022 年 4 月現在の正加盟国は 63 カ国,準加盟国は 63 カ国。条約加盟国は,総人口と経済力に応じた加盟分担金を毎年支払う義務がある。OIML の常設の事務局である BIML(国際法定計量事務局)はパリに置かれている。

けでなく欧米でも進んでおり，近い将来に商用利用が始まる。たとえば，船舶やトラックの自動運航／無人運航，倉庫やラストワンマイルなどの物流現場におけるロボットの導入など，物流・運輸分野の自動化やデジタル化は遅れていた分，これから急速に自動化，デジタル化が進展すると考えられる。そうしたなかで，世界中での利用を考えれば，標準化は必須となる。そのときに，国際規格が国内規格と大きく違うと，国際規格に合わせるために膨大な時間と労力が必要になる。日本企業の国際競争力は大きく削がれることになる。

表4-1　物流に関するJIS規格一覧

JIS規格			ISO規格または OIML条約
分類	番号	対象	番号
用語	JIS Z 0111	物流用語	
	JIS Z 0106	パレット用語	ISO 445
	JIS Z 0108	包装－用語	ISO 21067
	JIS Z 0110	産業用ラック用語	
	JIS Z 1613	国際貨物コンテナー用語	
JIS規格			ISO規格または OIML条約
分類	番号	対象	番号
用語	JIS B 0148	巻上機－用語	
	JIS B 0140	コンベヤ用語－種類	
	JIS B 0141	コンベヤ用語－部品・附属機器ほか	
	JIS B 0146-1	クレーン－用語－第1部：一般	ISO 4306-1
	JIS B 0146-2	クレーン－用語－第2部：移動式クレーン	ISO 4306-2
	JIS B 0146-3	クレーン用語－第3部：タワークレーン	ISO 4306-3
	JIS B 0146-5	クレーン用語－第5部：天井走行クレーンおよび橋形クレーン	ISO 4306-5
	JIS B 8941	立体自動倉庫システム－用語	
	JIS D 0105	トラックの普通荷台に関する用語	
	JIS D 6201	自走式産業車両－用語	ISO 5053-1
	JIS D 6801	無人搬送車システムに関する用語	

	JIS X 0500-1	自動認識およびデータ取得技術－用語－第 1 部：一般	ISO/IEC 19762-1
	JIS X 0500-2	自動認識およびデータ取得技術－用語－第 2 部：光学的読取媒体	ISO/IEC 19762-2
	JIS X 0500-3	自動認識およびデータ取得技術－用語－第 3 部：RFID	ISO/IEC 19762-3
物流一般	JIS Z 0105	包装貨物－包装モジュール寸法	ISO 3394
	JIS Z 0150	包装－包装貨物の荷扱い図記号	ISO 780
	JIS Z 0152	包装物品の取扱い注意マーク	
	JIS Z 0161	ユニットロード寸法	ISO 3676
	JIS Z 0170	ユニットロード－安定性試験方法	ISO 10531
	JIS Z 0650	ユニットロードシステム通則	
	JIS Z 0651	パレットシステム設計基準	
	JIS Z 0170	ユニットロード－安定性試験方法	ISO 10531
	JIS Z 0650	ユニットロードシステム通則	
	JIS Z 0651	パレットシステム設計基準	
荷役運搬機械・器具－産業車両	JIS D 6001-1	フォークリフトトラック－安全要求事項および検証－第 1 部：フォークリフトトラック	ISO 3691-1
	JIS D 6001-2	フォークリフトトラック－安全要求事項および検証－第 2 部：運転者の位置が上昇するフォークリフトトラックおよび荷を揚げたまま走行するよう設計されたフォークリフトトラックの追加要求事項	ISO/FDIS 3691-3
	JIS D 6202	フォークリフトトラック－仕様書様式	
JIS 規格			ISO 規格または OIML 条約
分 類	番 号	対 象	番 号
荷役運搬機械・器具－産業車両	JIS D 6011-1	フォークリフトトラック－安定度および安定度の検証－第 1 部：一般	ISO 22915-1
	JIS D 6011-2	フォークリフトトラック－安定度および安定度の検証－第 2 部：カウンタバランスフォークリフトトラック	ISO 22915-2
	JIS D 6011-3	フォークリフトトラック－安定度および安定度の検証－第 3 部：リーチフォークリフトトラックおよびストラドルフォークリフトトラック	ISO 22915-3

	JIS D 6011-4	フォークリフトトラック－安定度および安定度の検証－第４部：パレットスタッキングトラック，プラットフォームスタッキングトラックおよび運転者の位置がリフト高さ 1200mm まで上昇するオーダピッキングトラック	ISO 22915-4
	JIS D 6011-5	フォークリフトトラック－安定度および安定度の検証－第５部：サイドフォークリフトトラック	ISO/DIS 22915-5
	JIS D 6011-6	フォークリフトトラック－安定度および安定度の検証－第６部：運転者の位置が 1200mm を超えて上昇するオーダピッキングトラック	ISO 22915-21
	JIS D 6020	フォークリフトトラック－座席式フォークリフトトラックのペダルの構造および配置	ISO 21281
	JIS D 6021	フォークリフトトラック－ヘッドガード	ISO 6055
	JIS D 6022	動力付産業車両－識別記号	ISO 3287
	JIS D 6023	フォークリフトトラック－ブレーキ性能および試験方法	ISO 6292
	JIS D 6024	フォークリフトトラック－フック式フォークおよびフィンガバーの取付寸法および構造	ISO 2328
	JIS D 6025-1	産業車両－運転者保護装置の仕様および試験方法－第１部：シートベルト	ISO 24135-1
	JIS D 6026	フォークリフトトラック－フォーク－技術特性および試験	ISO 2330
	JIS D 6027	フォークリフトトラック－さやフォークと伸縮フォーク－技術特性および強度	ISO 13284

JIS 規格			ISO 規格または OIML 条約
分類	番号	対象	番号
荷役運搬機械・器具－産業車両	JIS D 6028	産業車両－電気に関する要求事項	ISO 20898
	JIS D 6003	ショベルローダ	
	JIS D 6802	無人搬送車システム－安全通則	
	JIS D 6803	無人搬送車－設計通則	
	JIS D 6804	無人搬送車システム－設計通則	
	JIS D 6805	無人搬送車－特性・機能試験方法	

荷役運搬機械・器具－小型運搬車	JIS B 8920	ハンドトラック	
	JIS B 8922	産業用車輪	ISO 22878，22883
	JIS B 8923	産業用キャスタ	ISO 22878，22883
	JIS B 8924	ハンドリフトトラック－主要寸法－主要寸法	ISO 938
	JIS B 8925	テーブルリフト付きハンドトラック	
	JIS B 8926	ハンドリフタ	
	JIS B 8930	パレットトラック－主要寸法	ISO 509
荷役運搬機荷役運搬機械・器具－クレーン	JIS B 8801	天井クレーン	
	JIS B 8807	クレーン用シーブ	
	JIS B 8820	クレーンの定格荷重，定格速度および旋回半径	
	JIS B 8822-1	クレーンおよび巻上装置－分類および等級－第1部：一般	ISO 4301-1
	JIS B 8822-2	クレーンおよび巻上装置－分類および等級－第2部：移動式クレーン	ISO 4301-2
荷役運搬機械・器具－クレーン	JIS B 8822-3	クレーンおよび巻上装置－分類および等級－第3部：タワークレーン	ISO 4301-3
	JIS B 8822-4	クレーンおよび巻上装置－分類および等級　第4部：ジブクレーン	ISO 4301-4
	JIS B 8822-5	クレーンおよび巻上装置－分類および等級　第5部：天井走行クレーンおよび橋形クレーン	ISO 4301-5
	JIS B 8823-1	クレーン－操作装置－操作レバー等の配置および操作方法－第1部：一般	ISO 7752-1
	JIS B 8823-2	クレーン－操作装置－操作レバー等の配置および操作方法－第2部：移動式クレーン	ISO 7752-2
	JIS B 8823-3	クレーン－操作装置－操作レバー等の配置および操作方法－第3部：タワークレーン	ISO 7752-3
	JIS B 8823-4	クレーン－操作装置－操作レバー等の配置および操作方法－第4部：ジブクレーン	ISO 7752-4

JIS 規格			ISO 規格または OIML 条約
分類	番号	対象	番号
荷役運搬機械・器具ークレーン	JIS B 8823-5	クレーンー操作装置ー操作レバー等の配置および操作方法ー第5部：天井走行クレーンおよび橋形クレーン	ISO 7752-5
	JIS B 8824	クレーンー図記号	ISO 7296-1
	JIS B 8824-2	クレーンー図記号ー第2部：移動式クレーン	ISO 7296-2
	JIS B 8824-3	クレーンー図記号ー第3部：タワークレーン	ISO 7296-3
	JIS B 8826-1	クレーンー通路および保護装置ー第1部：一般	ISO 11660-1
	JIS B 8826-2	クレーンー通路および保護装置ー第2部：移動式クレーン	ISO 11660-2
	JIS B 8826-3	クレーンー通路および保護装置ー第3部：タワークレーン	ISO 11660-3
	JIS B 8826-4	クレーンー通路および保護装置ー第4部：ジブクレーン	ISO 11660-4
	JIS B 8826-5	クレーンー通路および保護装置ー第5部：天井クレーンおよび橋形クレーン	ISO 11660-5
	JIS B 8827-1	クレーンー動作・機能に関する制限装置および指示装置ー第1部：一般	ISO 10245-1
	JIS B 8827-3	クレーンー動作・機能に関する制限装置および指示装置ー第3部：タワークレーン	ISO 10245-3
	JIS B 8828-1	クレーンー逸走防止装置ー第1部：一般	ISO 12210-1
	JIS B 8828-4	クレーンー逸走防止装置ー第4部：ジブクレーン	ISO 12210-4
	JIS B 8828-5	クレーンー逸走防止装置ー第5部：天井走行クレーンおよび橋形クレーン	
	JIS B 8829	クレーンー鋼構造部分の性能照査	ISO 20332
	JIS B 8830	クレーンー風荷重の評価	ISO 4302
	JIS B 8831	クレーンー荷重および荷重の組合せに関する設計原則	ISO 8686-1/-3/-5

	JIS B 8833-1	クレーン－荷重および荷重の組合せに関する設計原則－第 1 部：一般	ISO 8686-1
	JIS B 8833-2	クレーン－荷重および荷重の組合せに関する設計原則－第 2 部：移動式クレーン	ISO 8686-2
	JIS B 8833-3	クレーン－荷重および荷重の組合せに関する設計原則－第 3 部：タワークレーン	ISO 8686-3

JIS 規格			ISO 規格または OIML 条約
分 類	番 号	対 象	番 号
荷役運搬機械・器具－クレーン	JIS B 8833-4	クレーン－荷重および荷重の組合せに関する設計原則－第 4 部：ジブクレーン	ISO 8686-4
	JIS B 8833-5	クレーン－荷重および荷重の組合せに関する設計原則－第 5 部：天井走行クレーンおよび橋形クレーン	ISO 8686-5
	JIS B 8834	クレーン－剛性－天井走行クレーンおよび橋形クレーン	ISO 22986
	JIS B 8835-1	クレーン－ワイヤロープの選定－第 1 部：一般	ISO 4308-1
	JIS B 8836	クレーン－ワイヤロープ－取扱い，保守，点検および廃棄	ISO 4309
	JIS B 837-1	クレーン－メンテナンス－第 1 部：一般	ISO 23815-1
	JIS B 8839	ゴンドラ操作部分の文字，図記号およびこれらの表示方法	
荷役運搬機械・器具－チェーンブロック・ホイスト・スリング	JIS C 9620	電気ホイスト	
	JIS B 8802	チェーンブロック	
	JIS B 8811	ラウンドスリング	
	JIS B 8812	チェーンブロック用リンクチェーン	
	JIS B 8813	電動ウインチ	
	JIS B 8815	電気チェーンブロック	
	JIS B 8816	巻上用チェーンスリング	
	JIS B 8817	ワイヤロープスリング	
	JIS B 8818	ベルトスリング	

荷役運搬機械・器具ーチェーンブロック・ホイスト・スリング	JIS B 8819	チェーンレバーホイスト	
	JIS B 8841	リンクチェーンのじん（靭）性試験ーチェーンリンク衝撃試験方法	
	JIS B 8850	ベルトラッシング	
荷役運搬機械・器具 - コンベヤ	JIS B 8803	ベルトコンベヤ用ローラ	ISO 1537
	JIS B 8804	鋼製ローラコンベヤ	
	JIS B 8805	ゴムベルトコンベヤの計算式	ISO 5048
	JIS B 8808	ポータブルベルトコンベヤ	
JIS 規格			ISO 規格または OIML 条約
分 類	番 号	対 象	番 号
荷役運搬機械・器具ーコンベヤ	JIS B 8814	ベルトコンベヤ用プーリ	ISO 1536
	JIS B 8825	仕分けコンベヤ	
	JIS B 8950	垂直コンベヤ	
荷役運搬機械・器具ーパレット	JIS Z 0601	プールパレットー一貫輸送用平パレット	
	JIS Z 0602	平パレット試験方法	
	JIS Z 0604	木製平パレット	
	JIS Z 0604-2	木製平パレットー第２部：修理基準	ISO 18613
	JIS Z 0604-3	木製平パレットー第３部：部材及び組立品の品質	ISO 18333/18334
	JIS Z 0605	金属製平パレット	
	JIS Z 0606	プラスチック製平パレット	
	JIS Z 0607	シートパレット	
	JIS Z 0608	紙製平パレット	
	JIS Z 0609	容器包装リサイクル材を用いたプラスチック製平パレット	
	JIS Z 0610	ボックスパレット	
	JIS Z 0612	一貫輸送用ボックスパレット試験方法	
	JIS Z 0614	コールドロールボックスパレット	
	JIS Z 0615	ポストパレット	
	JIS Z 0616	ポストパレット	

荷役運搬機械・器具ーその他	JIS B 8951	パレタイザおよびデパレタイザ	
保管設備	JIS Z 0620	産業用ラック	
	JIS B 8614	輸送用機械式冷凍ユニットー冷凍能力試験方法	
	JIS B 8942	立体自動倉庫システムーシステム設計通則	
	JIS B 8943	立体自動倉庫システムースタッカクレーン設計通則	
輸送ートラック	JIS D 1701	冷蔵・冷凍自動車の保冷車体性能試験方法	
	JIS D 4001	冷蔵・冷凍自動車の保冷車体	
	JIS D 4002	トラック荷台の内のり寸法	

JIS 規格			ISO 規格または OIML 条約
分 類	番 号	対 象	番 号
輸送ーコンテナ・タンク	JIS B 8573	量器用尺付タンクー取引または証明用	OIML R 80-1
	JIS Z 1610	国内貨物コンテナー外のり寸法および共通仕様	
	JIS Z 1611	国内保冷コンテナ	
	JIS Z 1614	国際貨物コンテナー外のり寸法および最大総質量	
	JIS Z 1615	国際大形コンテナのコード，識別および表示方法	
	JIS Z 1616	国際貨物コンテナーすみ金具	
	JIS Z 1618	国際一般貨物コンテナ	
	JIS Z 1619	国際冷凍コンテナ	
	JIS Z 1621	国際大形オープントップコンテナ	
	JIS Z 1622	国際大形フラットラックコンテナ	
	JIS Z 1624	国際タンクコンテナ	
	JIS Z 1625	国際プラットホームコンテナ	
	JIS Z 1626	国際大形コンテナの取扱い	
	JIS Z 1627	国内一般貨物コンテナ	
	JIS Z 1628	国内貨物コンテナーコードおよびマークの表示方法	

	JIS Z 1629	貨物コンテナー上部つり上げ金具および緊締金具	
包装	JIS Z 1651	非危険物用フレキシブルコンテナ	ISO 21898
	JIS Z 1655	プラスチック製通い容器	
情報	JIS X 0502	物流商品コード用バーコードシンボル	
	JIS X 0515	出荷，輸送および荷受用ラベルのための一次元シンボルおよび二次元シンボル	ISO 15394
情報	JIS X 0516	製品包装用一次元シンボルおよび二次元シンボル	ISO 22742
	JIS Z 0663	RFIDのサプライチェーンへの適用－貨物コンテナ	ISO 17363
	JIS Z 0664	RFIDのサプライチェーンへの適用－リターナブル輸送器材（RTI）およびリターナブル包装器材（RPI）	ISO 17364
	JIS Z 0665	RFIDのサプライチェーンへの適用－輸送単位	ISO 17365
JIS規格			ISO規格またはOIML条約
分類	番号	対象	番号
情報	JIS Z 0666	RFIDのサプライチェーンへの適用－製品包装	ISO 17366
	JIS Z 0667	RFIDのサプライチェーンへの適用－製品タグ付け	ISO 17367

（出所：特許庁「令和4年度特許出願技術動向調査－スマート物流－」（政策動向調査資料））

4.1.4　日本の物流システムの国際標準化への取り組み事例

（1）　コールドチェーン物流の国際標準化への取り組み

2018年に，日本の提案によりISO内に設置されたプロジェクト委員会（PC315）（議長：根本 敏則 敬愛大学経済学部教授，幹事国：日本）における議論を経て，B to Cを対象とした小口保冷配送サービスの国際規格ISO23412（小口保冷配送サービス）が，2020年に発行された。そして，B to B分野を含むコールドチェーン物流サービス規格の国際標準化を進め，質の高い日本の物流システムの海外展開を推進するため，2021年に日本提案によりISO内にコールドチェーン物流に関する技術委員会（TC315）の設置が決定された。

TC315は，提案国である日本が幹事国（議長：根本 敏則 敬愛大学経済学部教授）となり，第1回のISO/TC315国際会議が2021年6月2～4日の3日間，オンライン形式で行われた。日本の他，中国，韓国，英国，フランスなど8カ国から48人が参加し活発な議論がなされ，その後，日本の他にも中国や韓国からも具体的な規格化の提案がなされている。第2回のISO/TC315国際会議は，2022年2月に東京においてハイブリッド形式で開催された。第3回の国際会議は，2023年9月にパリでハイブリッド形式で開催された。日本，中国，韓国，フランス，インド，インドネシア，ドイツ，マレーシア，シンガポールの9カ国68人が参加，4つのワーキンググループ会合と，本会議が開催された。次回，第4回の国際会議は2024年秋，シンガポールで開催されることが決まった。

ISO/TC315第3回国際会議に先立ち，2021年5月13日に，オンライン形式による第1回ISO/TC315国内委員会が開催され，委員長に筆者（森 隆行 流通科学大学名誉教授）が選任，国際会議派遣者やエキスパートが人選され，また，ISO/TC315国際会議への対応策などが話し合われた。

TC315設立の目的は，以下の3点である。

① コールドチェーン物流サービスの品質・信頼性の向上

② 食品廃棄率や食品安全に関する問題の解決

③ 生産者・流通業者の販路拡大への寄与

TC315で取り上げられる具体的なテーマは，主に以下のような点である。

① 保冷荷物の取扱い（引受，積込，積替，保管，仕分，輸配送 等）

② 保冷施設の管理

③ 安全管理，衛生管理，要員の教育

④ 保冷荷物の輸送過程の情報管理，等

コールドチェーン物流の国際標準化によって，日本の高品質な物流サービスの国際展開の促進が期待される。

(2) ISO/PC315（小口保冷配送サービス）の活動とその経緯

2018年1月，日本提案により，ISO内にプロジェクト委員会（PC315）が設置された。日本は議長国としてISO/PC315における議論を主導し，2020年

5月28日，ISO23412:2020（温度管理保冷配送サービス－輸送過程での積替えを伴う荷物の陸送）が発行された。

ISO23412は，輸送過程において積み替えを伴う保冷荷物の陸送配送サービスについて，適切な温度管理を実現するための作業項目を定めている。主な内容は以下の通り。

・保冷配送サービスの定義
・輸送ネットワークの構築
・保冷荷物の取り扱い
・事業所，保冷車両，保冷庫，冷却剤の条件
・作業指示書とマニュアル
・スタッフへの教育訓練
・保冷配送サービスの監視と改善

ISO23412が普及することにより，日本の物流事業者の小口保冷配送サービスの品質が適切に評価され，国際競争力が強化されることが期待できる。また，各国における市場の健全な育成と拡大に寄与することが期待される。

(3)　TC315設立までの経緯

日本とASEANの交通分野での連携推進を図るために創設された日ASEAN交通連携の枠組みでは，ASEANにおけるコールドチェーン物流の促進が協力プロジェクトの一つとして位置づけられており，日本とASEAN双方にとって取り組むべき重要な課題とされている。

本プロジェクトの具体的活動内容の一つである「日ASEANコールドチェーン物流ガイドライン」については，2018年11月のASEAN交通大臣会合で策定・承認された。

国土交通省は，日ASEAN交通連携に基づき実施しているASEAN各国との間の政府間対話や官民双方が参加するワークショップなどを活用し，同ガイドラインのASEAN各国への普及に向けた取り組みを進めている。さらに国土交通省では，2018年7月より，官民からなる「ASEANスマートコールドチェーン構想」検討会（座長：筆者（森 隆行 流通科学大学名誉教授））を定期開催し，

とくにコールドチェーン物流の需要が見込まれるインドネシア，タイ，フィリピン，ベトナム，マレーシアの5カ国をASEAN重点国として位置づけ，コールドチェーン物流サービスの規格化を含む日本式コールドチェーン物流の展開支援を実施している。

また，日ASEAN交通大臣会合において承認された「日ASEANコールドチェーン物流ガイドライン」を基に，物流事業者，学識経験者，認証機関等から構成される一般財団法人 日本規格協会（JSA）の規格作成委員会（座長：筆者（森隆行 流通科学大学名誉教授））において，JSA-S規格（JSA-S1004）が策定され，2020年6月に発行された。これは，B to Bにおける定温輸送サービスを対象としており，要求水準は基本的に日本の物流事業者が提供するサービス水準に合わせているが，倉庫の予備電源等の確保など一部ASEANの事情を考慮した事項を盛り込んだものとなっている（図4-3）。

JSA-S1004のASEAN各国への普及を推進するため，2020年11月，国土交通省は「コールドチェーン物流サービス規格（JSA-S1004）に関する普及検討委員会」（座長：筆者（森 隆行 流通科学大学名誉教授））を設置し，ASEAN重点5カ国を対象とした包括的な普及戦略および国別のアクションプランの策定に向けた議論を開始し，2021年3月に「ASEANにおける日本式コールドチェーン物流サービス規格に関する普及戦略」を策定したほか，国別アクションプランの最初の対象国としてマレーシアを選定し，「マレーシアにおける日本式コールドチェーン物流サービス規格の普及に向けたアクションプラン」を策定した。2022年はタイとインドネシアのアクションプランが作成され，国土交通省とタイ，インドネシアそれぞれの運輸省との会合やワークショップなどがオンライン形式で開催され，普及活動を行った。2023年はフィリピンとベトナムを対象にアクションプランの作成に取り組んだ。

また，上記規格の普及に合わせて，ASEAN各国における認証体制の整備を促進する観点から，2020年12月，一般財団法人運輸総合研究所（JTTRI）が事務局となり「質の高いASEANコールドチェーンネットワーク構築のための調査検討委員会」（座長：筆者（森 隆行 流通科学大学名誉教授））を立ち上げ，

2021年3月に認証審査のためのガイドライン（「JSA-S1004認証審査ガイドライン」）を作成した。

2020年12月に開催された日ASEAN物流専門家会合において，国土交通省は，「JSA-S1004認証審査ガイドライン」を「日ASEANコールドチェーン物流認証審査ガイドライン」として活用することについて各国の合意を目指し，今後議論していくことを確認した。これに対して，ASEAN各国より，コールドチェーン物流の現状について報告が行われるとともに，ブルネイ，インドネシア，ラオス，マレーシア，シンガポールおよびタイからコールドチェーン物流サービスに関する国家規格化等に向けた動きについて説明があり，日本の支援への期待が表明された。「日ASEANコールドチェーン物流認証審査ガイドライン」は，2021年11月に開催の日ASEAN交通大臣会合で承認された。

こうした一連の活動の中で，2022年7月，郵船ロジスティクス株式会社のマレーシア法人傘下のコールドチェーン物流会社であるTYGC社が，JSA-S1004の認証を世界で初めて取得し，マレーシアにおいて同規格の認証証書授与式が開催された。

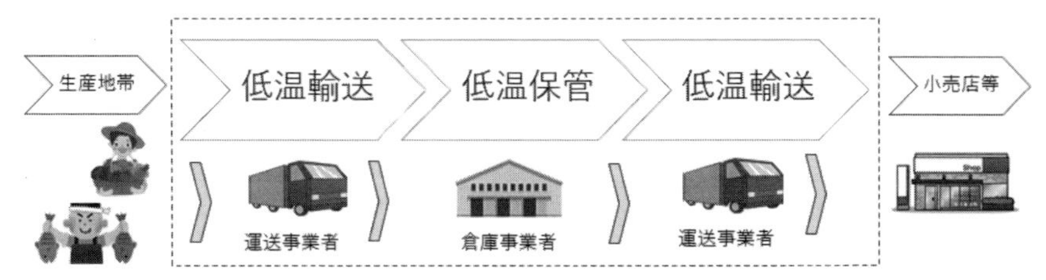

（出典：国土交通省交通政策局資料を基に作成）

図4-3　JSA-S1004対象範囲

国土交通省は，JSA-S1004によるASEANへのB to B分野のコールドチェーン物流の普及活動と並行して，ISOによる国際標準化への取り組みを始めた。2020年12月25日，ISO技術管理評議会（TMB）における投票が実施され（投票結果：賛成14，反対0，棄権0），2021年1月11日，コールドチェーン物流に関する新しい技術委員会（ISO/TC315）の設立が採択・承認され，幹事国が日本に割り当てられた。なお，ISO23412（小口保冷配送サービス）の今後のメンテナンスもTC315に委ねられることとなった。

こうして，2021年6月2～4日の第1回，2022年2月の第2回，2023年9月の第3回のISO/TC315国際会議を経て，B to B分野のコールドチェーン物流の国際標準化の議論が順調に進んでおり，2024年末にはISO規格として成立する見込みである。

4.1.5　世界と日本の認証機関

グローバルに事業を展開する大手認証機関は主にヨーロッパの認証機関が多く，アジアでは日本の日本海事協会（NK）および日本品質保証機構（JQA）が認証機関として展開している。

ISO規格の認証を含めて国際的に活躍する認証機関はやはり欧州勢が中心であり，日本の認証機関は国内に限られている機関がほとんどである。ASEANに進出している認証機関は，Bureau Veritas（仏），SGS（スイス），Intertek（英），TÜV Rheinland（独），TÜV NORD（独），TÜV SÜD（独），DNV（ノルウェー）など，日本勢では，日本海事協会（NK）と日本品質保証機構（JQA）のみで

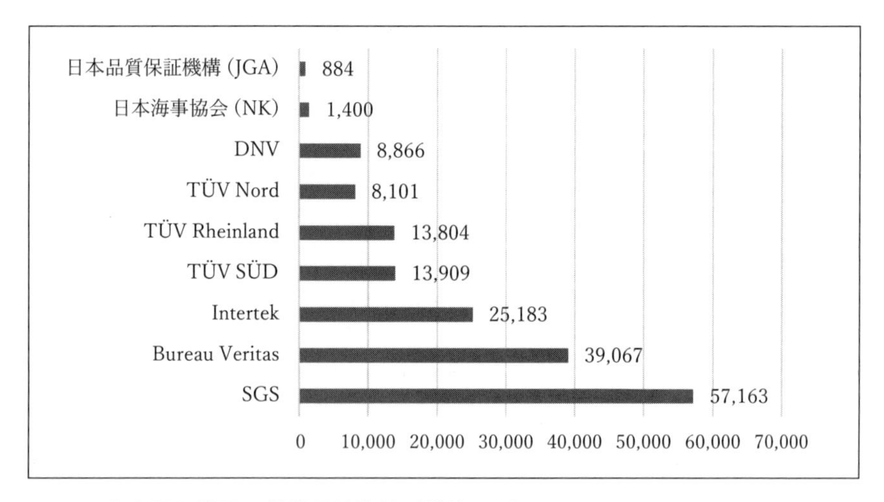

図4-4　主な認証機関の従業員数比較（単位：人）（出所：「質の高いASEANコールドチェーンネットワーク構築のための調査検討委員会」資料（NK作成））

表 4-2　ASEAN に展開する認証機関

グローバル大手認証機関	展開国	タイ	ベトナム	インドネシア	マレーシア	シンガポール	フィリピン	ミャンマー	カンボジア	ブルネイ	ラオス
Bureau Veritas (仏)	9か国	○	○	○	○	○	○	○	○	○	-
ClassNK 日本海事協会 (日)	9か国	○	○	○	○	○	○	○	-	○	-
SGS SGS (スイス)	8か国	○	○	○	○	○	○	○	○	-	-
intertek Intertek (英)	6か国	○	○	○	○	○	-	-	○	-	-
TUV Rheinland (独)	6か国	○	○	○	○	○	-	○	-	-	-
TUV NORD (独)	6か国	○	○	○	○	○	○	-	-	-	-
DNV (ノルウェー)	6か国	○	○	○	○	○	○	-	-	-	-
BSI Group (英)	6か国	○	○	○	○	○	○	-	-	-	-
TUV SUD (独)	5か国	○	○	○	○	○	-	-	-	-	-
Lloyd's Register (英)	5か国	○	○	○	○	○	-	-	-	-	-
JQA 日本品質保証機構 (日)	2か国	○	○	-	-	-	-	-	-	-	-

（出所：「質の高い ASEAN コールドチェーンネットワーク構築のための調査検討委員会」資料（NK 作成））

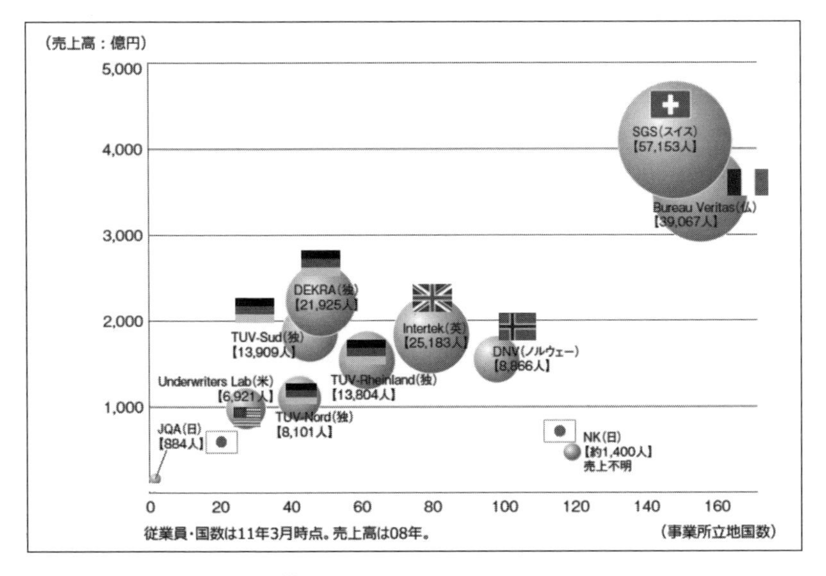

図 4-5　世界に展開する認証機関（出所：「質の高い ASEAN コールドチェーンネットワーク構築のための調査検討委員会」資料（NK 作成））

ある。しかしながら，これらの規模を比べると，その差は歴然としている。主要な認証機関の従業員数で比較すると，日本海事協会 1,400 人，日本品質保証協会 884 人に対して，SGS は 57,163 人，Bureau Veritas は 39,067 人であり 2 桁違う。比較的少ない DNV や TÜV Nord においてさえ，日本品質保証機構の 10 倍のスタッフを抱えている（図 4-4，表 4-2，図 4-5）。

ますます激しさを増す標準化，規格競争を考えれば，日本国内のみならず海外でも活躍できる認証機関と人材の育成が必要である。

4.1.6　認証制度と認証機関育成の必要性

(1)　生産性向上と国際競争力強化

国際標準化に積極的に関与することは，我が国企業の生産性向上と，国際競争力強化につながり，市場拡大に寄与する。

日本の労働生産性は，日本生産性本部によると世界 167 カ国中 31 位（世界銀行データ），OECD 加盟 31 カ国中 21 位（OECD データ），米国のおよそ 6 割程度とかなり低い。なかでもサービス産業を中心とした非製造業の生産性が低い（図 4-6）。

製造業においては，化学など高い生産性の分野もある。そうした分野においては，かつて標準化をうまく取り込むことによって生産性を向上させてきた。標準化を活用することで，効率化と高い品質の製品を生み出し世界市場において大きな成果を上げてきた。同時に，国際標準化においても日本は多くの ISO 規格化に関与してきた。その大部分が工業規格においてである。近年，ISO における国際規格が製品からサービスにその流れが変わろうというなかで，サービス分野における国際規格化の，日本の関与は低い。サービスを中心にした非製造業分野の生産性の低いことと ISO のサービス分野における関与の低さには相関関係があるようだ。日本にはサービス分野で，日本工産業規格（JIS）のような，「大規模で体系的なサービスの規格は存在しない」ことが理由かもしれない。

国際標準化への積極的な関与の度合いは，ISO/TC の幹事国としての活躍度合で見ることができる。1992 年から 2012 年までの 20 年間に設立された，サービス業に関連の深い ISO の規格化のために設立された 32 の TC で，日本が幹

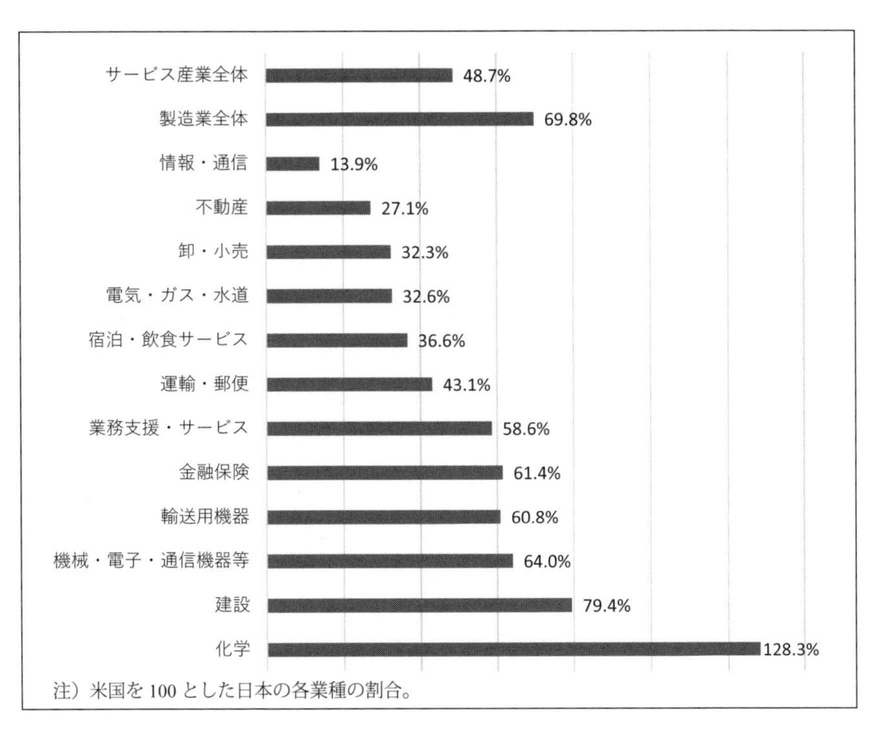

図4-6　日米産業別生産性比較（2017年）（出所：滝澤美帆「産業別労働生産性水準の国際比較」生産性レポート Vol.13（2020）

事国となったのは1件もない。

国が国内規格を制定する場合，ISO規格など国際規格がすでに存在する場合は，これに整合させせることが義務付けられている。

「ルールは，それを決めた者が有利である」ことは言うまでもない。「標準化」とは，「ルール」であり，標準化としての国際規格も例外でない。このことは，スポーツ界の例を見ればわかりやすい。スポーツの世界で，ルールはしばしば変更される。柔道や水泳など日本のお家芸において，そのルール変更によって苦戦させられた例は少なくない。このことは，ビジネスの世界も例外ではない。

欧州の標準化機関であるCEN（European Committee for Standardization）は，ISOと密接な関係にある。CEN加盟国19カ国はISOの加盟機関でもある。そのため，欧州における地域標準化は ISO に準じた規格になる。CEN は ISO との間で規格開発における技術協力に関する協定を結んでいる。こうしたことからも，ISO が欧州主導であることがわかる。

これまで国際標準化としての ISO 規格が欧州主導で進められてきたこと，そして，日本が ISO 規格との整合性のために多くの時間を費やさなければならなかったことも事実である。今，ISO 規格が製品からサービスや社会システムに移りつつあるなかで，日本にとって，サービス分野では製品分野よりさらに弱いのも事実である。

日本の国家規格の JIS（日本産業規格）は，欧州に比べて ISO 規格との整合化率が低い。そのため，国際規格に整合させるために 1995 年から国際整合化 3 カ年計画を立て，約 2,000 件を対象に国際整合化作業を行った。日本規格協会は，JIS 規格が ISO 規格と整合性が低い背景として以下の 3 点を挙げている。

① JIS のカバーしていない農業分野があること。

② 製品規格が少ないこと。

③ 過去にヨーロッパを中心に開発されたこと。

なにより，これまで ISO 規格が欧州中心に開発されてきたことが一番大きな要因だと考えられる。今後，国内規格と ISO 規格の整合性を高め，整合化のための無駄な労力を費やさないためにも，日本が ISO 規格制定のリーダーシップをとり，我が国にとって有利な規格作りが重要である。

4.1.7 企業の経営戦略としての標準化

標準化により部品や製品の調達が容易になり，世界中どこでもサービスを安心して利用することができる。つまり，標準化によって市場が創りだされ，拡大する。このことは，裏を返せば，標準化を自社の経営戦略に取り入れることで，市場を獲得・拡大するチャンスとすることができる。つまり，標準化は経営戦略の道具としても重要な役割を持つ。かつての家庭用ビデオテープにおけるソニーのベータ方式と松下電器（現パナソニック）の VHS 方式の争いは，標準化の争いであった。製品の性能・質ではなく標準化によって勝敗が決した例である。「標準化競争を制したものが市場を制す」ことを明らかにしたのである。

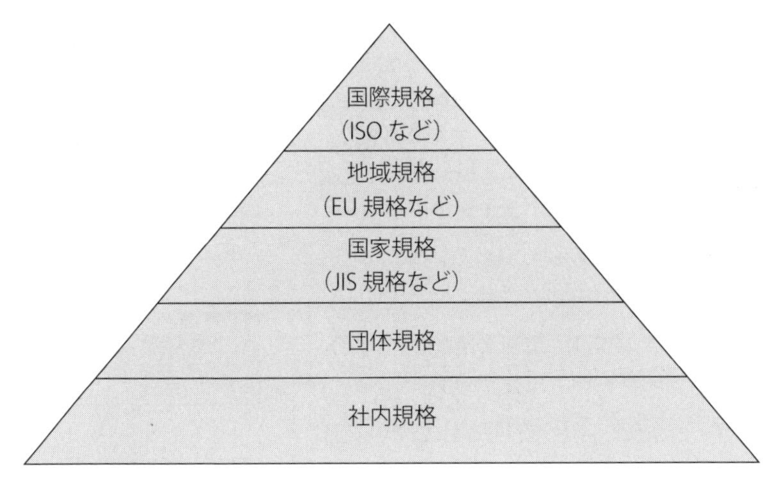

図4-7　「標準化」のレベル（出所：日本規格協会編「ISO規格の基礎知識」（2001）日本規格協会）

4.1.8　国際標準化手順モデル

「標準化を制したものが市場を制する」に表現されるように，国際競争を有利に戦うには標準化に積極的に関与することが重要である。本章4.1.4で取り上げた「コールドチェーン物流」の取り組みが，日本の国際標準化（国際規格化）への取り組みのモデルになると考える。つまり，まず，ガイドライン作成，国内の規格化（JSA規格），認証制度の確立，ISO／TC設置提案という道順である（図4-9）。国内基準を作り，次にそれを国際基準にするという手順である。このようにすることで，国内規格と国際規格を最初から一致させることが可能になり，後々，国内規格と国際規格の整合性に苦労することもない。JSAの国内規格をASEAN諸国に広めることも同時並行することで，ASEANにおける物流システムの発展に貢献し，日本のASEANにおけるステータスの向上に寄与するとともに，日本企業のASEAN市場の拡大に有利に働くことになる。

たとえば現在，世界的な取り組みが始まっているカーボンニュートラルの分野において，国土交通省の取り進めているカーボンニュートラルポート（CNP）

構想について，港湾局では，港湾おけるカーボンニュートラルへのガイドラインを作成した。各港にそのガイドラインをどのように実現させるか，いろいろな取り組みが考えられる。その一つが，先の「コールドチェーン物流」のやり方である。つまり，カーボンニュートラルガイドライン作成，ついで，国内規格化（JSA 規格），認証制度確立，ISO による国際規格化という手順である。

このケースでは，国土交通省は CNP 認証制度「CNP 認証（コンテナターミナル）」を策定，その導入を目指しており，これは国家規格となるため，次のステップは国際規格化である。

積極的にあらゆるものの規格化（国内規格化，次いで国際規格化）を進めることが，日本企業の生産性と国際競争力の向上に有効な手段となる。

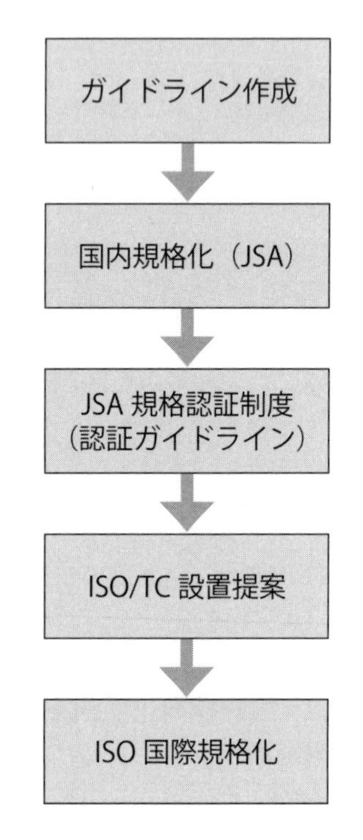

図 4-8　国際規格化の手順モデル

「コールドチェーン物流」という物流システムの ISO 規格化（＝国際標準化）への取り組みが，今後のサービスや社会システム分野における国際標準化への日本の取り組みの方向性を決める役割を果たすことを期待したい。

ここで重要なことは，こうした国際標準システムをその企業が導入していることを，取引先企業や消費者に伝えることである。そのための有効な手段が認証制度である。日本には，評価・認証をする組織が絶対的に不足している。今後，国際標準化の歩調を合わせる形で認証制度の増加を考えれば認証機関と人材育成が必要であり，ビジネスとしても十分成り立つと考える。とりわけ，物流・運輸分野は大きな市場として期待される領域である。

たとえば，現在多くの企業が環境対応，具体的には温室効果ガス（GHG）

排出量の削減に取り組んでいる。その対応領域はサプライチェーン全体である。港湾・海運を含む，物流・運輸もサプライチェーンの重要な構成要素であり，温室効果ガス（GHG）削減の対象である。

CO_2 などの温室効果ガス（GHG）の排出に関して，SCOPE 1 ～ 3 までの 3 つの SCOPE に分類されており，最終的には SCOPE 3 のサプライチェーン全体の温室効果ガス（GHG）をゼロにする。環境対応で先行するアップルは，2030 年までにサプライチェーン全体の温室効果ガス（GHG）排出量ゼロの目標を宣言している。また，アマゾン，イケア，ユニリーバなど 9 社は 2040 年までに海上輸送におけるゼロエミッション化，つまり従来の化石燃料による船舶を自社製品では使用しないということを宣言している。

こうした企業の取り組みを客観的に評価する仕組みが認証制度であり，今後，物流・運輸分野を含めあらゆる分野で，そのニーズが高まる。

4.1.9　ISO14083

(1)　ISO14083 概要

2023 年 3 月，「温室効果ガス－輸送チェーンにおける温室効果ガス排出量の算定及び報告」（Greenhouse gases - Quantification and reporting of greenhouse gas emissions arising from transport chain operations）に関する国際規格である ISO14083:2023 が発行した。ISO14083 は，物流分野の GHG 排出量算定に特化した初めての国際基準であり，あらゆる輸送モードの特徴をふまえた算定方法を規定している。算定対象範囲を具体的に定義しており，原則だけではなく，算定の手順を細かく規定している。

現代における環境対応ではサプライチェーン全体の対応が要求されており，温室効果ガス（GHG）排出量の 2 割を運輸部門が占めており，その排出量の計算や算定対象などの国際基準の必要性から誕生したものである。

欧州では，早くから物流における GHG 排出量算出の統一基準の必要性が認識され，基準作りが進んでいた。その欧州の基準をもとに成立した国際規格が ISO14083 である。

今後，ISO14083 が，物流分野における GHG の排出量の算出のデファクトスタンダードになると考えられる。かつて，ISO90001 や ISO14000 の認証取得が急速に普及・拡大したような現象が起こる可能性もある。その意味で，物流関係者は ISO14083 とは何かを理解し，どう取り組むかを考えておく必要がある。

表 4-3　ISO14083

規格名称	ISO14083 Greenhouse gases-Quantification and reporting of greenhouse gas emission arising from transport chain operations
内　容	旅客及び貨物の輸送チェーン（発地から着地まで）における，GHG 排出量の算定及び報告に関する要求事項・ガイダンス
提案国	ドイツ（Smart Freight Centre と共同で作成）
範囲／領域（SCOPE）	「この文書は，旅客と貨物の輸送チェーンの業務から生じる温室効果ガス（GHG）排出量の定量化と報告のための共通の方法論を確立したものである」
発行年	2023 年 3 月発行

ISO14083 の特徴は，あらゆる輸送モードの特徴をふまえ，輸送モード別（道路・鉄道・海運・内陸水運・航空など）に算定方法を規定し，そのガイドラインを詳細に解説している点にある。また，算定対象範囲と算定方法を細かく定義している点も特徴である。対象領域を「輸送チェーン」（Transport Chain）という概念で表し，輸送チェーン全体を対象領域と定義している。輸送チェーンとは，発地から着地までの一連の貨物の輸送を表す概念であり，対象領域には，輸送手段（モード）だけでなく，物流拠点（ノード）としての港湾・ターミナルや倉庫も対象領域に含まれる。また，混載貨物における GHG 排出量の按分の方法を明確にしている点も特徴として挙げられる。たとえば，貨客混載の場合の GHG 排出量按分の方法（フェリーや航空機），郵便・宅配貨物の包装 1 個当たりの計算方法，冷蔵貨物と常温貨物を混載する場合の案分方法など細かく規定している。

(2)　ISO14083 の意義

物流分野における GHG 排出量算定の国際基準であり，その算定方法が明確であり，物流サービスの利用者である荷主にとって安心して利用できる。一方，物流サービスを提供する物流事業者にとっても，荷主に対してGHG排出量の算出方法や根拠を都度説明する必要がない。ISO14083認証を取得していることを示すだけで十分である。また，本規格は，按分に重きを置いていることが，小口輸送や混載貨物が増加している現在のニーズに合っている。按分方法が規定されていることで，荷主ごとや包装一個ごとの排出量の計算・報告が容易である。行程（TCE）ごとに計算することで，実際の作業と削減努力が可視化できるなどの意義がある。

これまで曖昧であった，GHGの算出方法や手順が統一化されることで，荷主は多くの関係者から同一基準による明確な数値を入手できる。このことは，物流事業者にとってもGHG数値の提供が簡潔・明確に荷主に提供できることを意味する。さらに，按分を前提とした算出方法により，物流事業者は旅客混載や小口混載貨物においてもコンテナ単位でなく，荷主ごと，貨物ごとの数値を荷主に提供できる。また，荷主は製品ごとに環境負荷算定が可能になる。

(3)　ISO14083開発経緯

欧州規格であるEN16258と欧州業界標準であるGLEC Frameworkを基に，国際規格化したものである。ISO14083の規格化にあたっては，欧州を中心に進められた。マースクを含め欧州物流企業は，GHG算出ツールの構築にあたってはGLECに基づいており，ISO14083への移行は容易である。

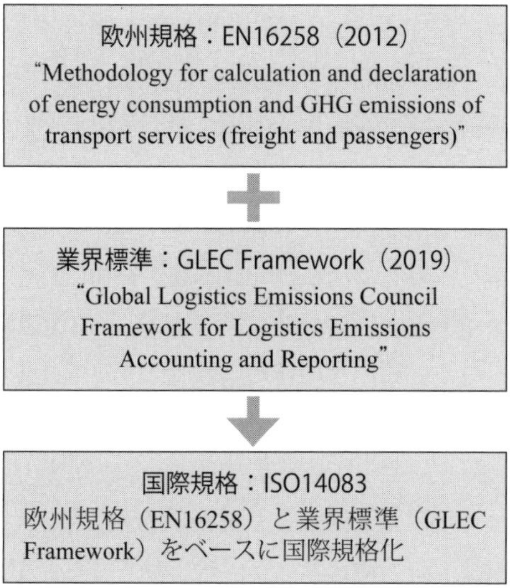

欧州規格：EN16258（2012）
"Methodology for calculation and declaration of energy consumption and GHG emissions of transport services (freight and passengers)"

業界標準：GLEC Framework（2019）
"Global Logistics Emissions Council Framework for Logistics Emissions Accounting and Reporting"

国際規格：ISO14083
欧州規格（EN16258）と業界標準（GLEC Framework）をベースに国際規格化

図4-9　物流分野におけるGHG算出方法発展経緯

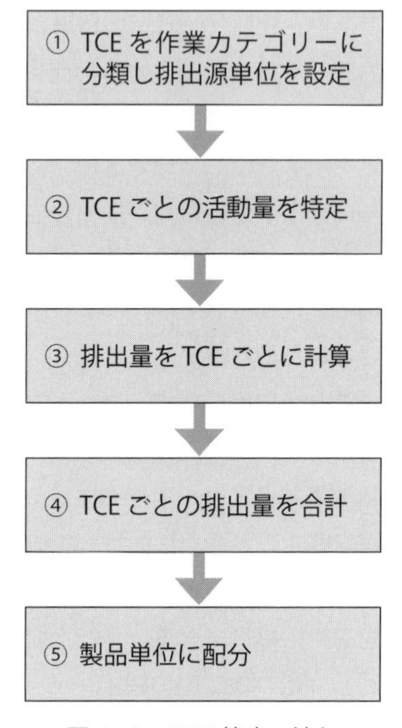

図 4-10　GHG算出の流れ

(4)　ISO14083におけるGHG算出方法

輸送工程全体を輸送チェーン要素（TCE：Transport Chain Element）に分解し，TCEごとに排出量を計算し積み上げ全体の排出量を計算する。なお，輸送工程では，輸送機材を使用した作業だけでなく物流拠点での作業を含めたすべての排出量を計算する。言い換えれば，輸送モードとしてのトラック，鉄道，船舶，航空機など輸送時のGHGだけでなく，ノードに当たる倉庫・物流センターや港湾・トラックなどのターミナルでのGHGも計算対象とすることを意味する。

(5)　ISO14083の港湾への影響

大手企業を中心に，サプライチェーン全体におけるGHGの削減が環境問題への取り組みの潮流となっている。サプライチェーンを構成する中小企業，言い換えれば大手企業と取引関係のある中小企業も，この流れに逆らうことはできない。今や，GHG削減への取り組みは，環境問題から経済・経営の問題となったということである。GHG排出量の約20%を占める物流部門である輸送や物流拠点としての港湾や倉庫も，重要なサプライチェーンの構成要素であり，GHG排出量の削減とその算出・報告が求められる。算出・報告の客観性と透明性を担保する仕組みとしてISO14083が成立した訳であり，今後は，その認証を取得することが普通の状態になるだろう。荷主にとっては一貫輸送が一般的であり，複数輸送モードの組み合わせにおける積み替え拠点として港湾も含まれていることから，港湾におけるGHG排出は，海上輸送のなかに含まれていると認識されている。荷主にとって，サプライチェーンを構成する海上輸送や港湾によって，GHG排出量の計算方法が違っていてはデータそのものが意味をなさない。そのため，各輸送機関（含む港湾）には同じ基準での GHG 排出量の計算を求める。同一基準としてすでに国際基準として発行し，かつそのベースは欧州のマースクなどの主要海運会社が採用しているものであり，彼らにとって ISO14083 への移行は容易である。こうした事情を考えれば，ISO14083 は，マースクなど欧州系外航海運企業を中心に，急速に浸透していくことになると予想される。

日本でも，三井倉庫ロジスティクスなど物流事業者向けの CO_2 算出ツールを提供する企業がある。同社は，もともと欧州標準の GLEC を採用していたが，ISO14083 準拠について，DNV による認証を受けたと発表した。また，西鉄も CO_2 算出ツールを公開した。これは，ドイツのコンサルタント会社（IVE）の排出量算出システムを利用したもので，GLEC のフレームワークに準拠したものであることを明らかにしている。

ISO14083 は，予想以上のスピードで普及すると思われる。

4.2　CNP 認証（コンテナターミナル）制度概要

4.2.1　CNP 認証（コンテナターミナル）制度の背景

港湾，なかでもコンテナターミナルは周知の通りアジアなどの新興国のターミナルが台頭しているが，日本のコンテナターミナルは，その地位が相対的に低下している。コンテナ取扱数量だけでなく，使用される機器やシステムにおいても見劣りするようになってきている。コンテナ取扱量については，日本の産業構造の変化によるところが大きく，ターミナルとして如何ともしがたい面があるのは事実であるが，技術やシステムなどのあらゆる面において日本のターミナルが誇れるものはなくなりつつあるのが現実である。

COP21 におけるパリ協定の発効により，世界が脱炭素化に向かって大きく動き出した。日本も 2020 年，当時の菅首相によるカーボンニュートラル宣言によって脱炭素化に舵を切った。こうした状況を背景に誕生したのがカーボンニュートラルポート（CNP）構想である。2021 年末には CNP ガイドラインが国土交通省港湾局によってまとめられ，2024 年 2 月 8 日時点で全国で 77 の港湾・地域でCNP検討会が設置され，実現に向けて準備がされている。国土交通省では，港湾の脱炭素化の取り組みに関する認証制度を策定，2023年3月末に「CNP認証（コンテナターミナル）」制度案が公表され，同年4月には試行が始まった。認証制度は，CNPの実現を促すためのツールとして機能することを目的としたものである。CNPの実現の鍵となるのが「CNP認証（コンテナターミナル）」制度である。

4.2.2 CNP認証（コンテナターミナル）制度の導入の意義と目的

脱炭素化を企業経営に取り込む動きが世界的に進展しており，その取り組みはサプライチェーン全体に及ぶ。国際物流の拠点となる港湾ターミナルはサプライチェーンの重要な構成要素であり，こうしたニーズに対応して，港湾施設の脱炭素化などに取り組むことが必要である。

港湾ターミナルの脱炭素化を促進するためには，脱炭素化の取り組み状況を客観的に評価する認証制度が有効である。港湾ターミナル側にとっては，自らの脱炭素化の取り組みを外部から客観的に評価してもらえることがインセンティブとなり得る。他方，利用する企業にとっては，当該ターミナルの脱炭素への取り組み状況が客観的かつ一目でわかることで，利用するか否かの判断基準になるというメリットがある。投資家や金融機関にとっても，当該ターミナルに関係する企業などに対する投資・融資の判断にあたり有益な情報となる。

つまり，港湾ターミナルの脱炭素化認証制度は，脱炭素化への取り組みについての客観的評価を利用する企業や投資家・金融機関に情報を提供することにより，当該ターミナルの利用や投資・融資の判断を容易にする。港湾ターミナルにとっては，競合する他のターミナルとの差別化を図ることができるといった意義がある。

この認証制度導入の目的は，荷主，船社等から選ばれる，競争力のある港湾の形成を図るとともに，カーボンニュートラルポート（CNP）の形成を促進するためのものである。

4.2.3 CNP認証（コンテナターミナル）制度の概要

港湾ターミナルの脱炭素化認証制度について，国土交通省港湾局は，認証制度を運営するための基本的な事項である「制度要綱」および「ガイドライン」を2023年3月30日に公表した。制度要綱は制度の目的，評価基準などを定め，ガイドラインは認証制度の手続きなどを示している。申請者による申請，認証機関による審査・認証などは制度要綱およびガイドラインに基づき行うことになる（⑴～⑼は国土交通省資料より）。

⑴　認証制度の設置者

国土交通省港湾局

⑵　認証機関等

設置者である国土交通省港湾局が認定する第三者機関（認証機関）。認定された第三者機関が，制度要綱およびガイドラインに基づき審査し，申請者からの申請を認証する。

⑶　申請者

ターミナルの管理・運営に関わる者であるターミナル借受者／ターミナルオペレーターや，ターミナル内で活動する事業者，あるいはそれらのアライアンスなど。

⑷　評価項目

ターミナル内およびその境界部における貨物の取扱いに関する脱炭素化の取り組み。具体的には，①ターミナル内・境界部（低炭素荷役機械の導入など），②ターミナルを出入りする船舶・車両（船舶への低炭素燃料の供給機能など）を総合的に評価する。なお，評価の方法はチェックリスト方式。

⑸　認証制度の運営方法

認証後は，申請者が脱炭素化の取り組みの進捗などをモニタリングするとともに，一定期間ごとに認証機関が審査し，更新（更新期間は3年）。

⑹　認証制度の名称

本認証の名称は「CNP認証（コンテナターミナル）」（「Carbon Neutral Port Certification for Container Terminal」）である。当面は認証対象をコンテナターミナルとしており，その後，コンテナターミナル以外の客船やバルクターミナルなどにも拡大する計画であり，その際には，名称の「コンテナターミナル」を修正する形で対応することが考えられている。

なお，脱炭素化の実施状況に応じて4段階となっている。審査し，その内容に応じたレベルの認証（4段階：Certified／Silver／Gold／Platinum）が取得できる。最終段階のPlatinumのレベルは，2050年達成の政府目標である完全なカーボンニュートラルを達成するレベルが求められる。

⑺　認証手続き

申請・認証・更新の手続きなどの流れは，図4-11のように2段階に分かれる。

第1段階「登録」：認証機関は，申請者による脱炭素化の取り組みの計画の実現可能性などを審査し，本制度への登録を承認する（→第2段階の申請資格を得る）。

第2段階「認証」：認証機関は，申請者による脱炭素化の取り組み状況を審査し，その内容に応じたレベルの認証（Certified／Silver／Gold／Platinum）を行う。

なお，この認証制度は，国際展開，技術開発の動向を踏まえて見直しが行われる。

⑻　認証制度の運用方法

「登録」の有効期間は3年とし，申請者は，脱炭素化の取り組みの進捗などを自らモニタリングする。また，「認証」の有効期間は3年とし，3年ごとの更新が必要。認証有効期間中であっても，次の段階への「認証」申請は可能である。

⑼　CNP認証（コンテナターミナル）制度で評価する脱炭素化の取り組み例

この制度で評価される具体的な取り組み事例を挙げる。

①　ターミナル内の脱炭素化の取り組み

・低炭素型トランスファークレーンの導入（三井E & Sの新型トランスファファークレーンなど）

・ヤード内照明のLED化

②　ターミナルを出入りする船舶の脱炭素化を支える取り組み

・船舶への LNG 燃料供給機能の構築

・停泊中船舶への陸上電力の供給機能の導入

③　ターミナル境界部の脱炭素化への取り組み

・CONPAS[*5] の導入等によるゲート前渋滞の緩和

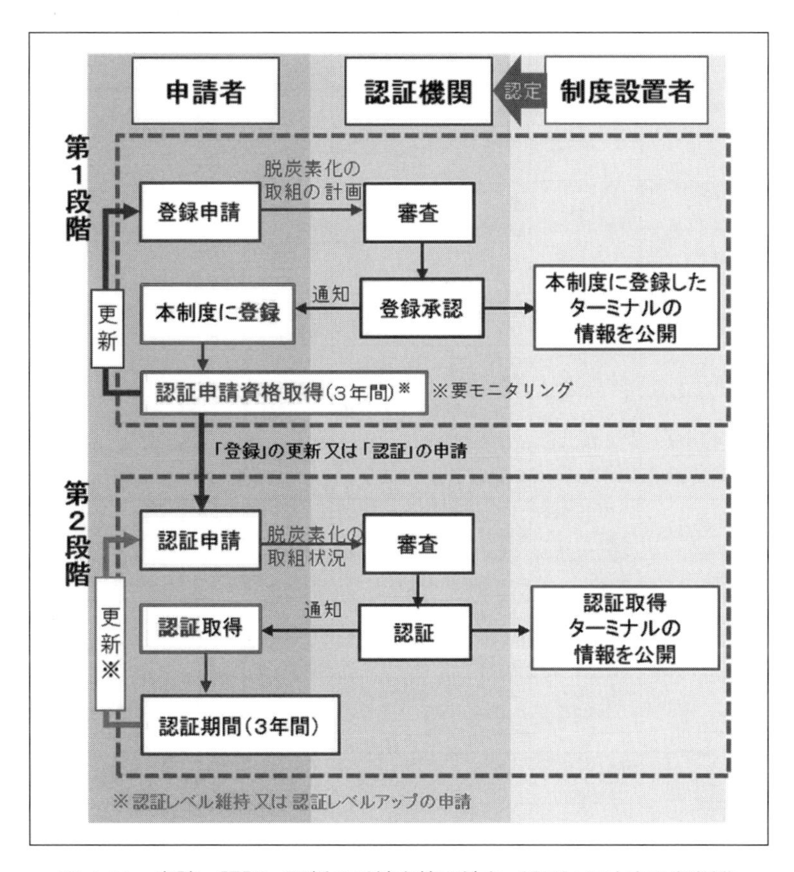

図 4-11　申請・認証・更新の手続き等の流れ（出所：国土交通省資料）

＊5　Container Fast Pass。国土交通省が開発した新・港湾情報システム。コンテナターミナルのゲート前混雑の解消やコンテナトレーラーのターミナル滞在時間の短縮を図ることで，コンテナ物流の効率化及び生産性向上の実現を目的としたシステム。

表 4-4　評価項目（国土交通省「認証制度要綱」を基に作成）

区分		評価項目		認証レベル			
		大分類	小中分類	Certified	Silver	Gold	Platinum
ターミナル内および境界部	共　通	CO_2 排出量	ターミナルにおける CO_2 排出量原単位	○	○	○	○
		使用電力関連	ターミナルで使用する電力	—	—	△	○
		使用燃料関連	ターミナルで使用する燃料	—	—	△	○
	ターミナル内	岸壁	ガントリークレーン	—	—	○（8割以上）	— 注1
		荷役機械	トランスファークレーン	○（5割以上）	○（8割以上）	○（8割以上）	— 注1
			構内トラクター（含む AGV）	△ 注2	△ 注2	△ 注2	— 注1
			ストラドルキャリア	○（5割以上）	○（8割以上）	○（8割以上）	— 注1
		ヤード照明	LED 照明導入	○（5割以上）	○（8割以上）	○（8割以上）	— 注1
		リーファー施設	省電力化，温度上昇抑制等	—	—	—	—
	境界部	出入り船舶	停泊中船舶（陸上電力供給等）	—	—	○ 注3	○ 注3
		出入り車両	ゲート前，ヤード内の渋滞対策	—	○	○	○
海上輸送や背後圏輸送の脱炭素化を支える燃料補給との取り組み	海上輸送船舶	低炭素燃料供給	LNG 燃料等の供給体制の可否	—	○ 注4	○ 注4	○ 注4
		脱炭素燃料供給	水素・アンモニア等の燃料の供給体制	—	△ 注5	△ 注5	△ 注5
		入出港時のタグボート	LNG・アンモニア・EV 等の環境配慮型のタグボートの有無	—	—	—	—
		脱炭素燃料船の利用促進	低・脱炭素燃料船舶へのインセンティブの有無	—	○	○	○
	背後圏輸送車両	燃料供給への対応	バイオ・水素・EV ステーション等の設置	—	△ 注6	△ 注6	△ 注6
		利用促進	優先ゲート等のインセンティブの有無	—	△ 注6	△ 注6	△ 注6
その他	上記以外の低脱炭素化の取り組み		具体的な取り組みを申請時に記載		—	—	—

○：要求事項，—：推奨事項，△：将来的な検討事項

認証レベル Platinum において使用電力 Ý および使用燃料が 100%脱炭素化されている，荷役機械およびヤード内施設については機械の性能に拠らず脱炭素化が図られているが，省エネルギーの観点等から荷役機械等が脱炭素化されていることが望ましいため，推奨事項とする。

注 1：将来的に評価委基準を検討する。　注 2：状況をみて将来的に評価基準を検討する。　注 3：低・脱炭素燃料の普及の状況をみて評価基準を検討する。　注 4：他の港湾に拠点を有するバンカリングサービスを受けられる場合も含む。　注 5：脱炭素燃料船の導入状況を踏まえ評価基準を検討する。　注 6：低脱炭素燃料根燃料トラックの導入状況を踏まえ評価基準を検討する。

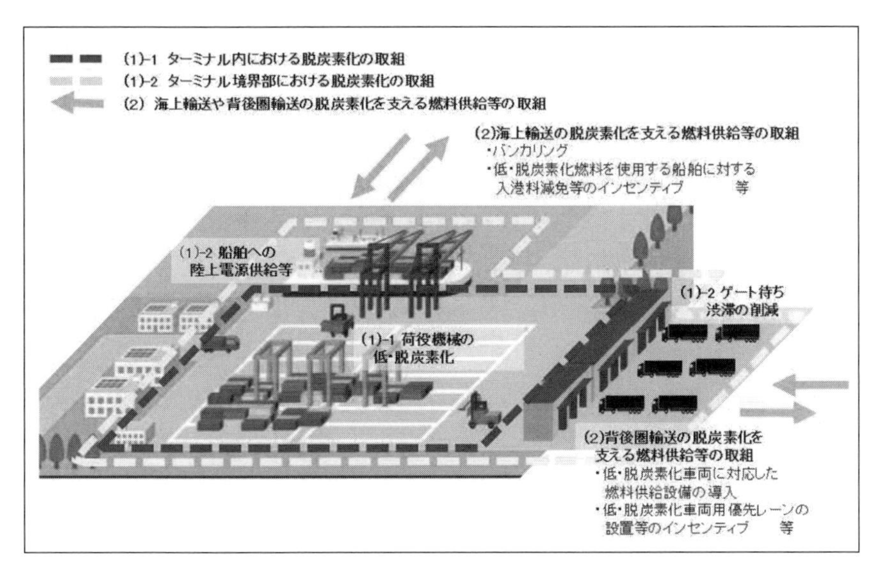

図 4-12　評価の枠組みイメージ（出所：国土交通省資料）

⑽　CNP 認証（コンテナターミナル）の試行

国土交通省は，2023 年 3 月 30 日発表の「CNP 認証（コンテナターミナル）」制度案[*6] をもとに試行中である。その結果を踏まえ制度案改善を行い，2024 年度から国際展開を含め本格運用する予定である。

現在，試行において，評価基準の妥当性，認証機関に求められる能力や体制，申請・審査に要する労力・コストや妥当な料金水準を検討中である。試行で選定される対象港は，国際展開も視野に入れてクアッド海運タスクフォースで検討中の「グリーン海運回廊」や先進的な取り組みを行っている港湾として東京港（大井コンテナターミナル 1 ～ 2 号），横浜港（南本牧ふ頭），名古屋港（鍋田ふ頭），大阪港（夢洲 C-11），神戸港（ポートアイランド PC15 ～ 17），博多港（アイランドシティ）および，米国ロサンゼルス港の Yusen Container Terminal の 7 港湾のコンテナターミナルが選ばれた。2024

＊6　「CNP 認証（コンテナターミナル）」制度案の詳細は下記 URL を参照。
https://www.mlit.go.jp/kowan/kowan_tk4_000054.html

年 3 月までの試行において，各コンテナターミナルから脱炭素化の取り組みの評価に必要な情報を提供してもらい，評価基準の妥当性，認証機関に求められる能力，体制などを検討し，必要な修正をしたうえで，当初は 2024 年 4 月から本格運用する予定であったが，多少遅れる見込みである。

2024 年 2 月までに先述の 7 港の試行を終え，いくつかの修正が必要であると考えられており，2024 年 4 月以降は中小規模港湾（コンテナターミナル）の試行を行うことになる模様である。そのため本格運用は 2024 年半ば以降になる見込みである。

施行結果を受けて 2024 年 3 月以降，検討会で議論されることになっており，本稿執筆時点では最終案は出ていないが，想定される修正部分をいくつか挙げておく。ただし，これは今後検討会で議論されると著者が予想した事項であって，現時点では何も決まっておらず，一部に修正変更があるということしか明らかではないことを付記する。

① 本格運用が，当初予定の 2024 年 4 月から同年半ばにずれ込む見込み。

② 2024 年 4 月から中小規模港湾（コンテナターミナル）の試行を実施か。

③ 認証手続きについて，現行案では，「登録」「認証」の 2 段階に分かれているが，「登録」を「認証」の一部としてここに含めることで，2 段階の手続きを 1 段階にするという案が出ているようだ。

④ 上記③に伴い，4 段階の認証レベルおよびその評価項目の一部についても見直しがあるかもしれない。

4.2.4 CNP 認証（コンテナターミナル）制度の国際標準化の必要性

先述の通り，スポーツだけでなく，経済・社会のあらゆる分野においてルールは，それを決めた者が有利であることは間違いない。「標準化競争を制したものが市場を制する」といっても過言ではない。国土交通省は，CNP 認証（コンテナターミナル）制度の国際化を視野に入れている。この方針は正しい。かつ，絶対に必要なプロセスである。なぜなら，コンテナターミナルは世界が対象である。日本では，コンテナターミナルに関する政策は国が多くの影響力を持っているが，海外では民間企業が主体である。グローバルに事業を展開するシンガポールのPSA，ドバイのDPW，香港のHPH（ハチソン）やAPMTや中国のCOSCOグループなど大手のターミナルオペレーターが主役である。上位6社の世界全体のシェアは35.7%である。大手ターミナルオペレーターは，DPWは中東，PSAはシンガポール，COSCO，CMHI，HPHは香港，APMTやTILは欧州であり，クアッドの枠組みに入っているオペレーターはいない。こうした大手オペレーターを巻き込まなければ「CNP認証（コンテナターミナル）」は意味をなさない。この認証制度の国際化を進めるにあたってクアッドやASEANとの協力関係は必要であるが，十分ではない。世界の大手オペレー

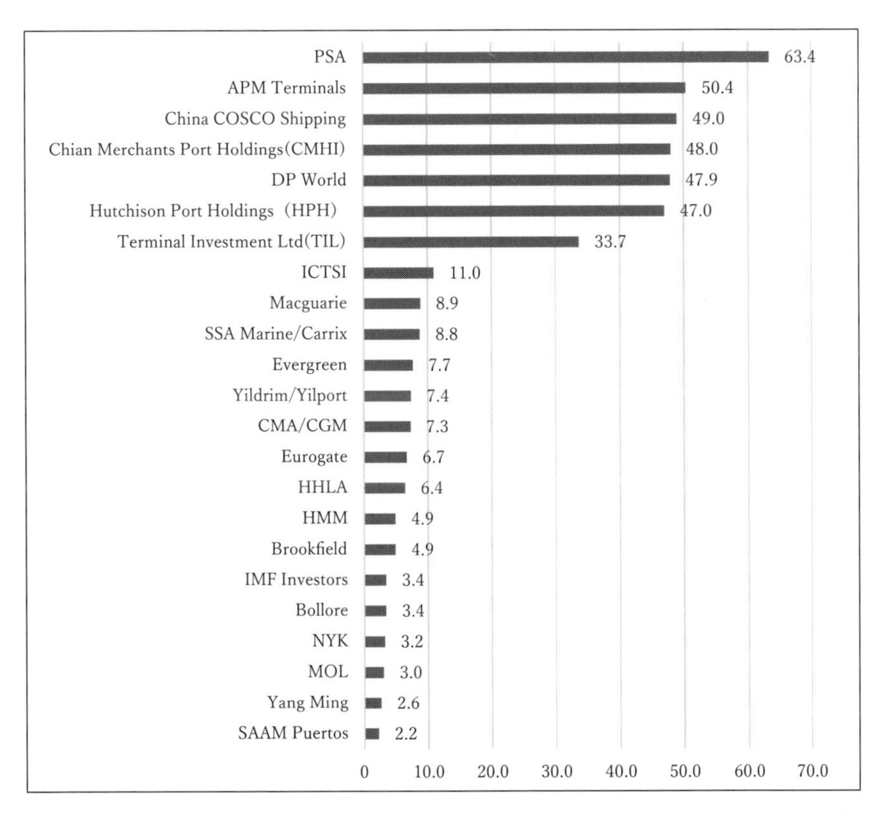

図4-13　コンテナターミナルオペレーターのコンテナ取扱量とシェア（上位20社）
（出所：Drewry「Global Container Terminal Operators Annual Review and Forecast 2022」）

表 4-5　コンテナターミナルオペレーターのコンテナ取扱量とシェア（上位 20 社）

順位	オペレーター	2021 年	
		百万 TEU	(%)
1	PSA	63.4	7.4%
2	APM Terminals	50.4	5.9%
3	China COSCO Shipping	49.0	5.7%
4	Chian Merchants Port Holdings（CMHI）	48.0	5.6%
5	DP World	47.9	5.6%
6	Hutchison Port Holdings（HPH）	47.0	5.5%
7	Terminal Investment Ltd（TIL）	33.7	3.9%
8	ICTSI	11.0	1.3%
9	SSA Marine/Carrix	8.8	1.0%
10	Evergreen	7.7	0.9%
11	Yildrim/Yilport	7.4	0.9%
12	CMA/CGM	7.3	0.9%
13	Eurogate	6.7	0.8%
14	HHLA	6.4	0.8%
15	HMM	4.9	0.6%
16	Bollore	3.4	0.4%
17	NYK	3.2	0.4%
18	MOL	3.0	0.3%
19	Yang Ming	2.6	0.3%
20	SAAM Puertos	2.2	0.3%
合　計		414.1	48.3%

（出所：Drewry「Global Container Terminal Operators Annual Review and Forecast 2022」）

ターを巻き込むためには，国際標準である ISO 規格化することが絶対的に必要である。

標準化のレベルは，社内規格，業界などの団体規格，国家規格，地域規格，その上位に ISO による国際規格がある（図 4-7）。「CNP 認証（コンテナターミナル）」は，国土交通省が認証制度の設置者という意味で国家規格と位置付けられる。ASEAN との連携やクアッドの枠組みを利用するなどで，地域規格とすることができる。地域規格へと取り組むと同時に，ISOの国際標準化に向けて取り組むことが重要である。

「港湾のターミナルの脱炭素化の取組に関する認証制度要綱（案）［試行版］」を次に転載する。また，「港湾のターミナルの脱炭素化の取組に関する認証制度ガイドライン（案）［試行版］」は，以下のURLを参照。

https://www.mlit.go.jp/kowan/content/001598439.pdf

港湾のターミナルの脱炭素化の取組に関する認証制度要綱（案）［試行版］

（目的）

第１条　本要綱は、国土交通省港湾局が設置する港湾のターミナルの脱炭素化の取組に関する認証制度（以下「本認証制度」という。）の適正な運用と普及を図るため、必要な事項を定めるものである。

（用語の定義）

第２条　本要綱において用いる用語の定義は以下のとおりとする。

（１）「港湾のターミナルの脱炭素化の取組に関する認証制度」とは、港湾のターミナルの脱炭素化を促進するため、港湾のターミナルの脱炭素化の取組を客観的に評価する制度をいう。

（２）「CNP 認証（コンテナターミナル）」とは、本認証制度のうち、コンテナターミナルを対象としたものをいう。

（本認証制度の意義等）

第３条　脱炭素経営に取り組む荷主等のニーズへ対応するため、サプライチェーンの結節点となる港湾のターミナルにおいて脱炭素化に取り組み、当該港湾の競争力強化を図ることが重要となっている。本認証制度は、カーボンニュートラルポート（CNP）の形成の取組のうち、ターミナルにおける脱炭素化の取組を客観的に評価することにより、当該取組を促進することを目的とするものである。

２　港湾のターミナルにおける脱炭素化の取組を通じて、荷主等が求めるサプライチェーンの脱炭素化、当該ターミナルを利用する様々な事業者の脱炭素化の取組の促進、当該ターミナルに出入りする船舶による海上輸送やトラックによる背後圏輸送の脱炭素化への貢献等を図る。

３　港湾のターミナルの脱炭素化の取組に係る客観的な評価結果を、荷主、船社等の港湾ユーザー若しくは港湾のターミナルの関係事業者の資金調達先又は社会全体に訴求することにより、荷主、船社等から選ばれる、競争力のある港湾の形成を図る。

４　港湾のターミナルの国際競争力の強化を図る観点から、世界の港湾及び海運で検討が行われている「グリーン海運回廊」等の国際的な取組と整合を図るとともに、本認証制度の国際展開を見据えた運用及び普及を図る。

（本認証制度の設置者、認証等の対象等）

第４条　本認証制度の設置者、認証対象、認証機関、申請者及び運営方法は以下のとおりとする。

（１）設置者

本認証制度は、国土交通省港湾局が設置する。

（２）認証対象

本認証制度の認証等の対象は、港湾のターミナルとする。このうち、当面、コンテナターミナルを認証等の対象とする。

（３）認証機関

本認証制度の設置者は、認証等を行う第３者機関（認証機関）を認定する。

（４）申請者

本認証制度の申請は一体的に運営されるターミナル単位で行うものとする。申請者は、本認証制度の評価等の対象となる取組を実施する者とし、取組の実施者が複数いる場合には、それらの者の連名とする。

（５）運営方法

①　本認証制度への登録（以下単に「登録」という。）を希望する申請者は、本要綱及びガイドラインに基づき、認証機関に登録を申請する。認証機関は、審査を行い、当該申請内容が登録の要求事項を満たす場合は登録を認め、本認証制度の認証（以下単に「認証」という。）の申請資格を付与する。登録の有効期間は３年とし、その間、申請者は、脱炭素化の取組の進捗等を自らモニタリングする。

②　認証の申請資格を取得した上で、認証を受けることを希望する申請者は、本要綱及びガイドラインに基づき、認証機関に認証を申請する。認証機関は、審査を行い、当該申請内容が認証の要求事項を満たす場合は、認証する。認証の有効期間は３年とする。

（登録の評価項目等）

第５条　登録の申請においては、港湾法第 50 条の２第１項の規定に基づき港湾管理者が作成する港湾脱炭素化推進計画に定められる同条第２項第３号の港湾脱炭素化促進事業をはじめとしたターミナルの脱炭素化を図る計画の内容を評価する。

2　前項の評価に当たっては、以下に掲げる要求事項を満たす場合に、登録を認め、認証の申請資格を付与するものとする。

（1）登録の申請者が、港湾脱炭素化促進事業等の実施によりターミナルの脱炭素化を図る計画を作成すること。

（2）上記（1）の計画において、目標及び目標達成に向けたモニタリング実施方針が示されていること。

（3）上記（1）の計画の内容が、上記（2）の目標の達成により、認証を取得できるものとなっていること。

（4）上記（1）の計画の内容に、実現可能性が認められること。

（認証の評価項目等）

第6条　認証の申請においては、港湾脱炭素化促進事業をはじめとしたターミナルの脱炭素化を図る以下の取組を評価する。

（1）ターミナル内及びその境界部における貨物の取扱い等に関する脱炭素化の取組

（2）海上輸送や背後圏輸送の脱炭素化を支える燃料供給等の取組

2　本認証制度においては、ターミナルのカーボンニュートラル化を最終的な目標としつつ、前項の（1）及び（2）について、それぞれ以下の取組の実施状況に応じて、段階的な評価を実施するものとする。

（1）ターミナル内の機器等で使用する電力及び燃料のカーボンニュートラル化、カーボンニュートラル電力・燃料の供給機能の導入、陸上電力供給設備等の導入、デジタル物流システムの導入等。

（2）海上輸送を担う船舶や背後圏輸送を担うトラック等へのカーボンニュートラル燃料の供給機能の導入等。

3　本認証制度の具体的な評価項目、評価指標等は、別表1及び別表2のとおりとする。また、本認証制度において評価する低・脱炭素化の取組の要求性能は、別表3のとおりとする。

4　別表1及び別表2において、各評価項目に評価指標を設け、Certified、Silver、Gold 及び Platinum の各段階の認証を取得するために必要とされる取組内容を「要求事項」とする。また、要求事項以外の低・脱炭素化の取組であって、本認証制度において取り組むことが望ましいものを「推奨事項」とする。さらに、技術開発の進展等によって将来的に要求事項となり得る取組を「将来的な検討事項」とする。

（申請者の手続き等）

第７条　本認証制度の申請者に関する手続き等は以下のとおりとする。

（１）申請書類

申請者は、申請書に所定の内容を記載し、所定の添付書類とともに、認証機関に申請するものとする。

（２）その他

申請に係る費用の納付その他必要な手続き等については、本認証制度の試行を通じて検討するものとする。

（認証機関の手続き等）

第８条　本認証制度の設置者から認証機関の認定を受けようとする者は、申請書に所定の内容を記載して、本認証制度の設置者に申請するものとする。

２　本認証制度の設置者は、申請書類の不備がなければ申請を受理し、書類審査及び適合性評価活動を行う事業所等の現地審査を実施し、認定又は不認定の決定を行う。

３　認証機関の認定の有効期間は４年間とし、認証機関が更新を希望する場合は、有効期間の最終年内に認定の有効期限に先立ち更新の申請を行うものとする。

（認証機関による認証の手続き等）

第９条　申請者から申請書を受理した認証機関は、申請書に不足等がある場合には、申請者に申請内容の見直しを要求することができる。

２　前項の認証機関は、最終的な申請書の提出から60日以内に審査結果（登録の可否又は認証若しくは不認証）を申請者に通知する。

（認証結果の公開等）

第１０条　認証機関は、本認証制度の設置者に審査結果を報告するものとする。

２　本認証制度の設置者は、認証機関からの報告に基づき、登録を認められた申請者又は認証を受けた申請者に関する情報を公開するものとする。

３　申請者は、前項の公開後、登録を認められ、又は認証されたことを公表することができる。

（認証の更新手続き等）

第１１条　申請者は、登録若しくは認証の更新又は認証レベルの変更を希望する場合は、認証機関に登録又は認証を申請するものとする。なお、認証レベルの変更等は、認証の有効期間の３年以内でも申請することができる。

（その他）

第１２条　本認証制度の運用に当たっては、国際展開や脱炭素化に関する技術の進展向等に応じて、評価項目、評価指標、低・脱炭素化の要求性能等の見直し等を検討するものとする。

2　この要綱に定めるもののほか、本認証制度の運用上必要な事項については、本認証制度の設置者が定めるものとする。

附則

この要綱は、令和〇年〇月〇日から施行する。

別表3　本認証制度における低・脱炭素化の要求性能の設定　①

- 低・脱炭素化につながる様々な取組がある中で、本認証制度では、港湾の物流ターミナルの脱炭素化に貢献する主要な取組を評価するため、**CO2排出量を従来方式※1より15%以上※2削減する取組を評価する**。
- その他、定量化が難しいが、省エネ（電力消費量、温度低減等）、効率化（作業時間短縮等）、インセンティブ（取組促進のための優遇措置）等によりCO2排出量削減効果が期待される取組も定性的に評価する。

※1：従来方式とは、船舶燃料についてはC重油・VLSFO等の化石燃料を指す。また、荷役機械・ターミナル施設については「荷役機械・施設別の脱炭素化メニューと削減率（例）」に示す機械・施設別の従来方式を指す。

※2：「荷役機械・施設別の脱炭素化メニューと削減率（例）」において、区分（1）の従来方式と脱炭素化メニューを比較した際のCO2排出量削減率が15%以上であること、区分（2）においても船舶燃料供給をLNG等に転換することで20%以上の削減となるため。

要求性能（案）の設定根拠

1）荷役機械等の脱炭素化【区分（1）】

コンテナターミナル内の荷役機械等が従来型からハイブリッド等の低炭素タイプに転換することで、CO2排出量削減率は**約15～60%程度**。

2）低・脱炭素燃料バンカリング【区分（2）】

■従来の主要な船舶燃料であるC重油からLNG（液化天然ガス）に転換することで、**約30%の脱炭素化**。

■低硫黄重油（VLSFO）から転換する場合には、**約20%の脱炭素化**。（以下の引用文献より。）

▼燃料種別の排出係数

排出活動	区分	単位	排出係数
燃料の使用	原料炭	tCO2/GJ	0.0898
	一般炭	tCO2/GJ	0.0906
	ガソリン	tCO2/GJ	0.0671
	灯油	tCO2/GJ	0.0678
	軽油	tCO2/GJ	0.0686
	A重油	tCO2/GJ	0.0693
	B・C重油	tCO2/GJ	0.0715
	液化石油ガス	tCO2/GJ	0.0590
	液化天然ガス	tCO2/GJ	0.0495
電力の使用（全国平均係数）		tCO2/GJ	0.124

▲30%

3）大型商用EV・FCV等の低・脱炭素車両への電力、水素等供給【区分（2）】

■トレーラー等の車両でのバイオディーゼル燃料等の使用による低炭素化。

■トレーラー等の車両のEV／FCV化等による**脱炭素化**。

（注）

○試行を通じて、要求性能の妥当性等について検討する。

○技術の進展、社会実装の進展等に応じ、本認証制度における低・脱炭素化の要求性能についても、定期的に見直しを行う。

引用：VLSFOから転換した場合のCO2削減率：海運の脱炭素化－米国から見た新興代替燃料　https://www.gard.no/web/articles?documentId=33803788

※「別表1・2　評価項目」は省略（「表4-4　評価項目」（p.126）にて掲載）

別表３　本認証制度における低・脱炭素化の要求性能の設定　②

荷役機械・施設別の脱炭素化メニューと削減率（例）

	対象機械・施設	従来方式	脱炭素化メニュー	CO2排出量削減率(例)		脱炭素化（ＣＮ化）
荷役機械	ガントリークレーン	サイリスタ制御方式	インバーター制御・電力回生方式	30%	※1	再生可能エネルギー由来電力の100%導入
	トランスファークレーン（RTG）	ディーゼルエレクトリック方式	回生・蓄電システムを搭載したハイブリッド方式	60%	※2	電力使用：再生可能エネルギー由来電力の100%導入 燃料使用：グリーン水素等(カーボンフリー）の燃料使用
			FC化対応の高効率ハイブリッド方式	72-78%	※3	
			電動方式(レーン移動時にエンジンかバッテリ使用)	87-100%注)	※4	
			水素燃料電池方式	100%	想定	
	ストラドルキャリア	ディーゼルエレクトリック方式	回生・蓄電システムを搭載したハイブリッド方式	15%	※5	電力使用：再生可能エネルギー由来電力の100%導入 燃料使用：グリーン水素等(カーボンフリー）の燃料使用
			電動化ハイブリッド	100%	想定	
	トラクタヘッド	ディーゼル方式	燃料電池方式	100%注)		電力使用：再生可能エネルギー由来電力の100%導入 燃料使用：グリーン水素等(カーボンフリー）の燃料使用
			電気(バッテリー)方式	100%注)		
	AGV	ディーゼルエレクトリック方式	電気(バッテリー)方式	100%注)		再生可能エネルギー由来電力の100%導入
	フォークリフト	ディーゼル方式	ハイブリッド方式	39%	※6	電力使用：再生可能エネルギー由来電力の100%導入 燃料使用：グリーン水素等(カーボンフリー）の燃料使用
			電動方式	100%注)		
			燃料電池方式	100%注)		
ターミナル施設	リーファーコンテナ施設	リーファープラグ(商用電源)				再生可能エネルギー由来電力の100%導入
	ヤード照明塔	高圧ナトリウム灯	港湾施設用LED照明の導入	66%	※7	再生可能エネルギー由来電力の100%導入

注）CO2 排出削減率は従来方式との比較によるもの。電気・熱配分前排出量は、荷役機械の電化に伴いCO2が排出されなくなることから削減率100%と表記。
電気・熱配分後排出量をゼロにするためには、使用する電力を再生可能エネルギー由来の電力とする必要がある。

※1：東京港埠頭㈱　https://www.tptc.co.jp/guide/environmentally
※2：三井E&Sマシナリー　https://www.mes.co.jp/machinery/business/crane/transtainer.html
※3：商船三井　https://www.mol.co.jp/pr/2021/21038.html
※4：三菱重工 技報　https://www.mhi.co.jp/technology/review/pdf/472/472018.pdf
※5：三菱ロジスネクスト カタログ　https://www.logisnext.com/assets/dl/product/Container-carrier-S4WE.PDF
※6：三菱重工　https://www.mhi.com/jp/news/0910054860.html
※7：ユニエックスNCT　https://www.uni-xnct.com/service/led/

（出所：国土交通省ウェブページ　https://www.mlit.go.jp/kowan/content/001598435.pdf）

おわりに

現代社会（政治・経済）の重要なキーワードは，「環境（Green）」と「電子化（Digital）」である。巷でいわれるGX（Green Transformation）とDX（Digital Transformation）である。港湾を含む物流分野においても，「環境」と「電子化」は最重要課題である。小野塚征志は，20世紀初頭の時代の物流を「ロジスティクス1.0」として，現代の物流を「ロジスティクス4.0」と位置付けた。しかし時代はさらに先を行っている。コロナによるパンデミックが変化を加速させた。2020年代に入って，政治・経済の中心課題は先述のとおり，「環境」と「電子化」なのである。

物流の拠点の一つである港湾においても，この二つのキーワードのうちの一つである「環境」対応が，喫緊の課題である。

ロジスティクス概念の変遷

ロジスティクス1.0	ロジスティクス2.0	ロジスティクス3.0	ロジスティクス4.0	ロジスティクス5.0
20世紀初頭	1960年代～	1980年代～	現在（目標2025年）	2020年代～
輸送の機械化	荷役の自動化	物流管理システム化	省人化・標準化	脱炭素・クリーンエネルギー（電気／LNG／水素／バイオ／風力／太陽光 等）
トラック・鉄道・船舶による高速・大量輸送	自動仕分け装置・自動倉庫／コンテナ化による海陸一貫複合輸送	WMS・TMSの登場／NACCSによる通関手続きの電子化	IoTやAI技術による省人化・標準化（自動化・デジタル化）	物流全般における脱炭素化／サーキュラーエコノミーの時代／クリーンエネルギー／人権・環境・自然環境保護優先

（出典：小野塚征志『ロジスティクス4.0』日本経済新聞出版（2019年）を参考に作成）

日本の港湾は，規模，自動化やデジタル対応において，諸外国に大きく後れを取っていることは残念ながら周知の事実である。しかし，港湾ターミナルにおける環境対応は，スタートしたばかりである。日本には，優れた環境技術がある。その技術力をもってすれば，環境の分野において，世界に向かって胸を張ることのできる世界で最も進んだターミナルの実現も不可能ではない。

米国カリフォルニア州などでは，停泊中の船舶に陸上からの電力供給を義務付けるなどの対策を取っている。しかしながらその対応は部分的であり，日本のCNPのような港湾ターミナル全体の環境対応構想を打ち出した港湾ターミナルは，まだ見当たらない。その意味では，日本の港湾ターミナルにおける環境政策は一歩先んじているといえる。もちろん，港湾ターミナルの脱炭素化認証制度への取り組みは日本が最初である。この認証制度を国際規格にすることは，日本の港湾ターミナルにとって大きなアドバンテージになる。港湾の脱炭素化においては，日本の港湾ターミナルを世界中のターミナルが追いかけるという構図となる。そのためには，早急に国内における制度を確立し，国際規格化に向けて踏み出すことが重要である。

これからの時代は，認証／認証制度がますます重要性を帯びてくる。身の回りを見れば，さまざまな認証マークを目にする。国際フェアトレード認証ラベル，オーガニックコットン認証マーク，再生紙使用マーク（Rマーク），えるぼし認定，くるみん認定，エコシップマークなど，挙げればきりがない。こうした認証制度は，企業の差別化，格付けの意味を持ち，消費者の購買行動や投資家の投資活動に影響を及ぼす。船舶では，EEXI規制およびCII格付け制度により環境への対応が始まっている。「CNP認証（コンテナターミナル）」は環境面から，港湾／コンテナターミナルを格付け・差別化する役割を担うことになる。港湾版EEXI／CIIである。

「CNP認証（コンテナターミナル）」制度の国際規格化こそ，日本の港湾ターミナル復権の鍵である。

港湾関係 環境用語集

AGV（Automatic Guided Vehicle）

無人搬送車

AHTSV（Anchor Handling Supply Vessel）

アンカー・ハンドリング・タグ・サプライ・ベッセル，遠洋曳航船。チェーン固縛・アンカーリングに加え自動船位保持装置（DPS-2）を備え，洋上での各種資材の供給など多目的使用となっている。

AZEC（Asia Zero Emission Community）

アジア・ゼロエミッション共同体。2022 年 1 月，アジア各国が脱炭素化を進めるとの理念を共有し，エネルギートランジションを進めるために協力することを目的として，日本が提唱。2023 年 3 月 4 日，東京で参加 11 カ国による閣僚会議において設立。

CARB（California Air Resource Board）

米国カリフォルニア州大気資源局

CCS・CCUS

「CCS」とは，「Carbon dioxide Capture and Storage」の略で，日本語では「二酸化炭素回収・貯留」技術と呼ばれる。発電所や化学工場などから排出された CO_2 を，他の気体から分離して集め，地中深くに貯留・圧入する。

「CCUS」は，「Carbon dioxide Capture, Utilization and Storage」の略で，分離・貯留した CO_2 を利用しようというもの。たとえば，米国では，CO_2 を古い油田に注入することで，油田に残った原油を圧力で押し出しつつ，CO_2 を地中に貯留するという CCUS が行われており，全体では CO_2 削減が実現できるほか，石油の増産にもつながっている。

CEN（European Committee for Standardization）

欧州の標準化機関

CII（Carbon Intensity Indicator）

燃費実績の格付け制度（CII）。船舶の CII 値は，一年間の輸送貨物の合計量に対する，排出された CO_2 の量の比率として計算される。この算出値を基に，船舶の運航時の CO_2 排出量に関する性能評価を，同種の他の船舶の平均性能と比較することによって格付け評価される。格付けが良くない船舶は，要求値を達成するよう是正措置を講じる必要がある。

CN（Carbon Neutral）

「カーボンニュートラル」（p.148）参照

CNP（Carbon Neutral Port）

「カーボンニュートラルポート」（p.149）参照

CONPAS（Container Fast Pass）

新・港湾情報システム。コンテナターミナルの搬出・搬入ゲート手続きを効率化するため，関東地方整備局が 2017 年度に開発した新・港湾情報システム。

COP

COP は Conference of the Parties の略で，「締約国会議」と訳される。地球温暖化対策に世界全体で取り組んでいくための国際的な議論の場を指す。2015 年秋に第 21 回目の会議がパリ（フランス）で開催されたため，この会議を COP21 またはパリ会議と呼び，そこで採択されたのがパリ協定という国際的な取り決め。COP21 は主に 2020 年以降の温暖化対策について議論され，COP3 時に採択された“京都議定書”に代わる，新たな国際枠組みを決定する重要な会議であった。

COP の第 26 回会合が 2021 年に英国グラスゴーで開催された（COP26）。1.5℃目標に向かって世界が努力することが，COP の場で正式に合意されたことが大きな成果である。

CSR（Corporative Social Responsibility）

CSR は企業の社会的責任のこと。社会的責任の観点から調達先の選定条件を設定したり，調達先を選定したりすることを CSR 調達（CSR Procurement）という。たとえば，人権や労働，環境配慮といった観点から調達方針・基準を定め，取引先とのコミュニケーションを行う企業が該当する。

CTV（Crew Transfer Vessel）

洋上風力発電のための作業員の輸送をする通船

DPM（Diesel Particulate Matter）

ディーゼル排気微粒子。ディーゼルエンジンの排気に含まれる直径 2 ミクロン以下の微粒子成分を指す。

EEXI（Energy Efficiency Existing Ship Index）

エネルギー効率指標（EEXI）。400GT を超える就航船のエネルギー効率を一隻ごとに評価するための枠組み。EEXI 規制では，船舶の運航管理者は各船舶のエネルギー消費量および CO_2 排出量を，船舶の種類ごとに与えられたエネルギー効率に関する要求事項に照らして評価することが求められ，要求値を満たしていない船舶については，要求されるレベルにまで CO_2 排出量を低減するための技術的措置を講じる必要がある。

ESG

「ESG」とは，環境（Environment），社会（Social），ガバナンス（Governance）の頭文字を取って作られた言葉。企業が長期的に成長するためには，経営において ESG の 3 つの観点が必要だという考え方である。この 3 つの観点から企業を分析して投資する姿勢が「ESG 投資」である。

ESI（Environmental Ship Index）・ESI Program

ESI プログラムとは，国際海事機関（IMO）が定める船舶からの排気ガスに関する規制基準よりも環境性能に優れた船舶に対して入港料減免等のインセンティブを与える環境対策促進プログラム。船社による自主的な環境への取組みを促す枠組みであることが特徴。国際港湾協会（IAPH）が，船舶からの大気汚染物質（NOx，SOx，CO_2）等の環境負荷の排出性能を船舶ごとに評価し，環境船舶指数（ESIスコア）として認証する。

EV（Electric Vehicle）

電動機（電気モーター）で走行する自動車

FCV

燃料電池自動車のこと。FCVはFuel Cell Vehicle（Fuel＝燃料，Cell＝電池，Vehicle＝自動車）の頭文字からなっている。

FCV（燃料電池自動車）の基本構造は，燃料電池内に酸素と水素を取り込み，その化学反応からの電気エネルギーでモーターを回している。燃料電池自動車は水素を必要とすることから，普通のガソリン自動車のように水素ステーションで水素を補給する。

燃料電池自動車は酸素と水素の化学反応で発電するため，運転時に排出されるのは水だけである。大気汚染の原因になる二酸化炭素（CO_2）や窒素酸化物（NOx）などは一切排出されないため，究極のエコカーとして世界的に注目を浴びている次世代自動車。燃料電池自動車にはいくつか方式があり，直接水素方式のFCVは他の燃料を必要とせずに発電可能な方式である。

GHG（Greenhouse Gas）

温室効果ガス。「地球温暖化対策の推進に関する法律」の中で，二酸化炭素，メタン，一酸化二窒素，代替フロン等の7種類のガスが温室効果ガスとして定められている。

IEC（International Electrotechnical Commission）

電気及び電子技術分野の国際規格の作成を行う国際標準化機関

IEEE（Institute of Electrical and Electronics Engineers）

アイ・トリプルイーと読む。米国で設立。世界160カ国に40万人を超える会員がいる。電気・電子分野における世界最大の専門化組織。IEEE規格の多くは米国国家規格（ANSI）として採用されている。

IPCC（The Intergovernmental Panel on Climate Change）

国連の「気候変動に関する政府間パネル」。1988 年に世界気象機関（WMO）と国連環境計画（UNEP）によって設立された政府間組織で，2022 年 3 月時点における参加国と地域は 195。世界の専門家で組織，おおむね 5 ～ 7 年ごとに統合報告書を作成する。2023 年 3 月，9 年ぶりに第 6 次統合報告書を公表。各国の政策や国際交渉に強い影響力を持つ。

ISO（International Organization for Standardization）

国際標準化機構

JISC（Japanese Industrial Standards Committee）

日本産業標準調査会。経済産業省に設置されている審議会で，JIS（日本産業規格）の制定等，産業標準化法に基づいて産業標準化に関する調査審議を行う。

JWG28（Joint Working Group 28）

IEC/TC18/JWG28（国際電気標準会議／舶用電気設備及び移動式海洋構造物の電気設備専門委員会／ジョイントワーキンググループ 28）

KPI（Key Performance Indicator）

重要業績評価指標。目標の達成に向かってプロセスが適切に実行されているかを定量的に評価するための指標。

LED（light-emitting diode：LED）

「発光ダイオード」と呼ばれる半導体。白熱ランプや蛍光ランプ・HID ランプと異なり，半導体結晶のなかで電気エネルギーが直接光に変化するしくみを応用した光源である。LED は器具の小形化・長寿命など廃棄物の削減が可能で，環境に有害な物質を含まないなど，環境に良い。

NOx（nitrogen oxides）

窒素酸化物。高温でものが燃えるときに発生する窒素の酸化物の総称で，大気中ではNO，NO_2，N_2O，N_2O_3 などが存在する。N_2O は温室効果ガスの一種。

OIML（Convention establishing an International Organization of Legal Metrology）

国際法定計量機関を設立するための条約

QUAD

「クアッド（QUAD）」（p.149）参照

RE100（Renewable Energy 100%）

事業活動で使用する電力を太陽光発電などの再生可能エネルギーで100％調達することを目標とする国際的な枠組み。国際環境NGOのThe Climate Group（クライメイト・グループ）が2014年に開始した国際的な企業の連合体。Google，Apple，Facebook，Amazon，Microsoft，リコーやアスクル，富士通，ソニー，パナソニックなど50社が加盟している。

ROV（Remotely Operated Vehicle）

遠隔操作型の無人潜水機。水中ロボット。

SDGs

SDGsは，Sustainable Development Goalsの略で，「エスディージーズ」と発音する。日本語では「持続可能な開発目標」と訳される。国連の「持続可能な開発サミット」（2015年9月，ニューヨーク開催）で150を超える加盟国首脳の参加のもと，その成果文書として，採択された文書の一連の目標とターゲット（解決すべき課題）のこと。SDGsとは，わかりやすく言えば，持続可能な社会を実現するために，2016年から2030年までに私たちが取り組むべき目標を具体的に示したものである。

SEP（Self-Elevating Platform）

自己昇降式作業台船。プラットフォーム（台船）と昇降用脚を持ち，海上での建設作業などに従事する。

SLL（Sustainability Linked Loan）

SLLは，借り手によるSDGsやESG戦略に整合する野心的な事前に設定されたサステナビリティ・パフォーマンス目標の達成に応じて金利などが変動する融資のこと。

SOV（Service Operation Vessel）

洋上風力発電支援船。メンテナンス技術者を複数の洋上風車に派遣するために多数の宿泊設備を持ち，一定期間洋上での活動が可能。

SOx（sulfur oxide）

二酸化硫黄（SO_2）や三酸化硫黄（SO_3）などの硫黄酸化物のこと。窒素酸化物（ノックス（NOx））とともに大気汚染の主原因物質。

SPT（Sustainability Performance Target）

企業の社会の持続可能性に対する貢献度合いを測ることができる年度ごとの目標。KPIが目標の達成状況を測るための指標であるのに対して，SPTはその指標において達成すべき水準を意味する。

STS（Ship to Shore）

コンテナ岸壁に設置されたガントリークレーン。一般的に，海外ではSTSまたは，STS Craneと呼ばれる。

TCFD

気候関連財務情報開示タスクフォース（Task Force on Climate-related Financial Disclosure）の略。2015年に世界の中央銀行や金融当局からなる金融安定理事会によって設立された。2017年に企業や金融機関に対して気候変動が財務に与える影響を分析・開示するよう求める提言を出した。2022年3月25日時点で，TCFDの提言に賛同する企業・金融機関は3,147で，そのうち日本は758で最も多い数字。

UNFCCC

United Nations Framework Convention on Climate Change の略。「国連気候変動枠組条約（UNFCCC）」（p.150）参照。

WPCAP（World Ports Climate Action Program）

世界港湾気候行動計画。海運・港湾から排出される CO_2 を削減，大気質改善に取り組む 12 の主要港のイニシアティブ。日本からは横浜港が参加。

ZEMBA（Zero Emission Maritime Buyers Alliance）

「ゼロエミッション海運バイヤーズアライアンス」。海運の脱炭素化を促すためにアスペン研究所とアマゾン，パタゴニア，チボーによって 2023 年 3 月発足。ZEMBA を通じてゼロエミッションの海上輸送サービスの調達を目指す。

温室効果ガス排出量算出・報告マニュアル（環境省・経済産業省）

改正された地球温暖化対策の推進に関する法律（温対法）に基づき，2006 年 4 月 1 日から，温室効果ガスを多量に排出する者（特定排出者）に，自らの温室効果ガスの排出量を算定し，国に報告することが義務付けられた。また，国は報告された情報を集計し，公表する。算定された排出量を国が集計し，公表することにより，事業者が，自らの状況を対比し対策の見直しにつなげることを可能にし，国民各界各層の排出抑制に向けた気運の醸成，理解の増進を図ることが目的。

化石燃料

古代の動植物が長い年月をかけて変化した燃料で，石油や石炭，天然ガスなどがある。

カーボンオフセット

自らが排出した二酸化炭素（CO_2）などの温室効果ガスについて，他の場所での排出削減や吸収に貢献することを通じて埋め合わせる取り組み。

カーボンニュートラル

CO_2 の排出量を削減するための植林や再生可能エネルギーの導入等，人間活動に

おける CO_2 排出量を相殺し，CO_2 排出量の収支を実質ゼロにするという概念。

カーボンニュートラルポート

2020 年 10 月の菅首相（当時）の「脱炭素宣言（カーボンニュートラル宣言）」を受けた，国土交通省港湾局による港湾政策。港湾におけるカーボンニュートラル実現のための指針が示されている。

「カーボンニュートラルポート（CNP）形成計画」策定マニュアル（国土交通省港湾局）

カーボンニュートラルポート（CNP）の形成に向けて，港湾管理者による CNP 形成計画の策定を促進するために 2021 年 12 月，国土交通省港湾局が作成した。

カーボンプライシング

温暖化ガスの排出に価格をつけること。排出削減や脱炭素技術への投資を促す。炭素税または排出量取引制度によるカーボンプライシングを導入している国・地域は，世界で 64 にのぼる（世界銀行による，2021 年時点）。

京都議定書

1997 年，京都で開催された，第 3 回 国連気候変動枠組条約 締約国会議（COP3：Conference of Parties）において採択されたのが，「京都議定書」という国際条約である。世界各国が協力して地球温暖化を防止するため，2008 年から 2012 年までの期間に先進国の温室効果ガス排出量を 5％減少（1990 年度比）させることを目標として，その後，2005 年に発効された。

クアッド（QUAD）

クアッドは，自由や民主主義，法の支配といった基本的価値を共有する日本，アメリカ，オーストラリア，インドの 4 カ国の枠組み。

グリーン海運回廊（Green Shipping Corridors）

温室効果ガスを排出しない，アンモニア，水素などを燃料とするゼロエミッション船の運航を目指す特定航路。

国連気候変動枠組条約（UNFCCC）

大気中の温室効果ガスの濃度の安定化を究極的な目的とし，地球温暖化がもたらすさまざまな悪影響を防止するための国際的な枠組みを定めた条約で，1994 年 3 月に発効した。温室効果ガスの排出・吸収の目録，温暖化対策の国別計画の策定等を締約国の義務としている。COP は，この条約に基づき毎年開催される。

再生可能エネルギー

再生可能エネルギーは，「太陽光，風力その他非化石エネルギー源のうち，エネルギー源として永続的に利用することができると認められるものとして政令で定めるもの」と定義される。太陽光・風力・水力・地熱・太陽熱・大気中の熱その他の自然界に存する熱・バイオマスが定められている。温室効果ガスを排出しないのが特徴である。

省エネ法（エネルギーの使用の合理化等に関する法律）

大規模な工場・事業場にエネルギー管理を義務付けたもので，石油危機を契機に 1979 年に制定された。2009 年 4 月の改正 省エネ法の施行に伴い，事業者は，年間のエネルギー使用量の把握や国への届出等を行うこととなっている。2022 年 3 月，エネルギー使用量の多い 1 万 2,000 社に対して非化石エネルギー使用割合の目標設定を義務付けることを閣議決定した。今回の改正 省エネ法では，法律名が「エネルギーの使用の合理化及び非化石エネルギーへの転換等に関する法律」と変わり，2023 年 4 月 1 日に施行された。

脱炭素化

地球温暖化の原因となっている温室効果ガスの排出を削減してゼロにすることを指す。

地球温暖化対策推進法

正式名称は「地球温暖化対策の推進に関する法律」で，1998 年に公布された。気候変動枠組条約の下の「京都議定書」に定められている温室効果ガス排出量の削減目標を達成するために，国，地方公共団体，事業者および国民の責務と役割を定めた法律。これまで 6 回の改正が行われており，2021 年 5 月に 7 度目の改正案が成立し，2022年4月に施行された。「2050年までのカーボンニュートラルの実現」を基本理念として法律に明記した。さらに，条文には「我が国における2050年までの脱炭素社会の実現を旨として，国民・国・地方公共団体・事業者・民間の団体等の密接な連携の下に行われなければならないものとする」と記し，全国民がカーボンニュートラルの「関係者」であると規定している。

デューデリジェンス法

「サプライチェーン・デューデリジェンス法（Lieferkettensorgfaltspflicht engesetz, LkSG）」：調達元の企業が自社や取引先を含めた供給網（サプライチェーン）において人権侵害や環境汚染のリスクを特定し，責任を持って予防策や是正策をとることを義務付ける法律。2021年6月25日ドイツ連邦参議院（上院）において承認された。2023年1月1日から施行。

従業員3,000人以上の企業（2023年1月1日から適用），および従業員1,000人以上の企業（2024年1月1日から適用）が適用対象。主たる管理部門や本店，定款上の所在地がドイツ国内にある外国企業も対象となる。また，違反企業には罰則が科せられる。日本でも，法制化を視野に指針を作成中。

二酸化炭素（CO_2）排出量原単位

排出原単位とは，活動量あたりのCO_2排出量を指す。たとえば，活動量を電気の使用量とした場合，電気を1kWh使用したあたりのCO_2排出量などがこれにあたり，環境省が公表しているデータベース上の原単位を用いることで計算が可能。環境省では，自社の排出量だけではなく，「サプライチェーン＝原料調達，製造，物流，販売，廃棄」という商流全体におけるCO_2排出量の算定，削減を推奨しており，このサプライチェーン全体のCO_2排出量を，一般的にサプライチェーン排出量という。

非化石燃料

化石燃料に由来しない燃料。太陽・地熱・風力・水力などの他，原子力，バイオマスなどがある。

ブルーカーボン

2009年10月に国連環境計画（UNEP）の報告書において，藻場・浅場等の海洋生態系に取り込まれた（captured）炭素が「ブルーカーボン」と命名され，吸収源対策の新しい選択肢として提示された。ブルーカーボンを隔離・貯留する海洋生態系として，海草藻場，海藻藻場，湿地・干潟，マングローブ林が挙げられ，これらは「ブルーカーボン生態系」と呼ばれる。

参考文献

森隆行「港湾ターミナルの脱炭素化の取り組みに関する認証制度について」，「港湾」2023年3月号（日本港湾協会）
森隆行「世界のコンテナターミナルの現状」（2022年版）大阪港振興協会・大阪港埠頭株式会社
フィリップ・コトラー，高岡浩三『マーケティングのすゝめ』中央公論新社（2016年）
小野塚征志『ロジスティクス4.0』日本経済新聞出版（2019年）
郭四志『脱炭素産業革命』筑摩書房（2023年）
丹羽康之，佐藤公泰「陸上から船舶への給電設備に係る国際規格改定への取り組み」，「海上技術安全研究所報告」第19巻第2号特集号（令和元年度）
日本港湾協会「港湾」2023年1月号
海事プレス社「CARGO」2019年11月20日

国土交通省
「新たな海洋再生可能エネルギー発電設備等拠点港湾（基地港湾）の指定に係る港湾管理者への意向調査の結果について」（2022年9月）
「カーボンニュートラルポート（CNP）の形成に向けた施策の方向性とCNP形成計画策定マニュアル」（2021年12月24日プレスリリース）
「カーボンニュートラルポート（CNP）形成計画」策定マニュアル（初版）（2021年12月）
「カーボンニュートラルポート（CNP）検討会の結果及びCNP形成計画作成マニュアル骨子」（2021年4月2日プレスリリース）
「港湾のターミナルの脱炭素化の取組を評価する「CNP認証（コンテナターミナル）」制度案」（2023年3月30日プレスリリース）
「港湾脱炭素化推進計画」作成マニュアル（2023年3月）

「港湾のターミナルの脱炭素化の取組に関する認証制度要綱（案）［試行版］」
「港湾のターミナルの脱炭素化の取組に関する認証制度ガイドライン（案）（試行版）」（2023 年 3 月）
環境省「SBT 等の達成に向けた GHG 排出削減計画策定ガイドブック（2022 年度版）
環境省，国立環境研究所「2020 年度温室効果ガス排出量（確報値）概要」
神戸市「神戸港 CNP 形成計画」（2023 年 2 月）
四日市港管理組合「四日市港カーボンニュートラルポート（CNP）形成計画」（2023 年 3 月）
大阪港振興協会・大阪港埠頭株式会社「大阪港モデルコンテナターミナル検討会報告書」（2021 年）

索　引

【著者紹介】

森 隆行（もり たかゆき）

1952年 徳島県生まれ
1975年 大阪市立大学商学部卒業
同年 大阪商船三井船舶株式会社（現㈱商船三井）入社
2006年 商船三井退職
同年 流通科学大学教授
2021年 流通科学大学名誉教授
2023年 （一般社団法人）フィジカルインターネットセンター理事長
東京海洋大学非常勤講師，青山学院大学非常勤講師，神戸大学客員教授，タイ王国タマサート大学客員教授等歴任。現在，タイ王国マエファルーン大学特別講師，日本港湾経済学会理事，日本ペンクラブ会員等を務める
主な著書：『現代物流の基礎』（同文館出版）
『大阪港 150 年の歩み』（晃洋書房）
『神戸客船ものがたり』（神戸新聞総合出版）
『神戸港　昭和の記憶』（神戸新聞総合出版）
『水先案内人』（晃洋書房）
『海上物流を支える若者たち』（海文堂出版）
『物流と SDGs』（同文館出版）他

ISBN978-4-303-16420-1

環境と港湾

2024年4月10日　初版発行

著　者　森　隆行
検印省略
発行者　岡田雄希
発行所　海文堂出版株式会社
本　社　東京都文京区水道2-5-4（〒112-0005）
電話 03（3815）3291㈹　FAX 03（3815）3953
https://www.kaibundo.jp/
支　社　神戸市中央区元町通3-5-10（〒650-0022）

日本書籍出版協会会員・工学書協会会員・自然科学書協会会員

PRINTED IN JAPAN　印刷・製本　シナノ